私房料理的第一堂课

[英] 简·霍恩比 著
杜芯宁 译

北京出版集团公司
北京美术摄影出版社

WHAT
TO
COOK

HOW
&
TO
COOK
IT
JANE HORNBY

目录

私房料理的第一堂课

INTRODUCTION

简的料理小课堂

写食谱和写故事很类似，有开头，有起承转合。当然，最好还有一个愉快的结局。无论是什么激起了你对烹饪的兴趣——可能是初次离家，也可能只是希望为日常料理增添一些花样——有了这本书的帮助，你将很快度过初入烹饪世界的忙乱，并了解到帮家人和朋友准备食物，独立做一桌家常菜，成功烤制一个蛋糕是多么简单的一件事。在本书中，我会教你如何做出自己喜爱的菜肴，并且每次都获得成功。这本食谱中收录的多是广受好评的热门菜式，每种菜肴以及每一个制作步骤都配有精美的彩色图片。每一步、每一个细节都配有插图，就是为了向你证明，烹饪是件多么简单的事。

这是个吃货的星球，多数人都能一口气说出一长串自己喜欢的食物。有的时候，我们知道自己渴望的是什么；答案也许是某种味道或香气，或是一点儿心理上的慰藉，当然也可能是一块诱人的巧克力甜点。但对美食的灵感常常转瞬即逝。如果你也曾在周二晚上茫然地站在超市货架前，或为了周末做些什么新菜式犒劳家人而烦恼，那么你找到依靠了。我的菜谱就是要帮你回答“吃什么”的问题，无论是工作日晚上的简单快手餐，还是菜式新颖的精致家宴全都囊括在内。我们让食物回到基础和根本，呈现出100多种每个人都能做的美味菜肴。

决定菜式的往往是场合，而非食物的种类。因此本书也根据场会将食谱做了分类。七个章节涵盖了从早餐到简便晚餐，从适合多人分享的美味小食到隆重的周末盛宴等各种场合。你会在这里找到各种美食的做法：朋友一同分享的美味、充满幸福感的家庭烤肉大餐、适合二人世界的美食，适合饭后享用的蛋糕、面包，以及诱人甜点等。如果你需要准备一桌丰富的菜肴，书的最后会给出一些搭配建议（见第406页），许多食谱的用料可以根据你的需要翻倍或者减半。掌握了一些基本制作方法之后，你还可以寻求一些改变。

在我的职业生涯中，鼓励人们在家做饭占去了我的大量时间，我甚至因此一度放下高深繁杂的厨师工作。“我做给你看，这非常简单！”当朋友或家人问我如何做出顺滑的白酱，或为什么他们做的蛋糕没有膨发时，我经常这么对他们说。学习的最好方法是先看别人示范，然后再自己亲手去做。在这种想法的支配下，这本食谱的每一个步骤都配有彩色图片，帮你们弄清自己进行到哪个阶段，食物应该是什么样的。每一个环节都暗藏巧思，目的是让制作步骤尽可能直白。我们注重细节，特别是那些大多数烹饪书都会遗漏的细节：盘中食物应有的状态和感觉。如何掌握火候？菜品的最佳质量是什么样的？食物闻起来应该是什么样的？如果做失败了，会发生什么？我希望当你跟着这本书做菜时，感觉就像我在你身边，给予你正确的引导。这里面没有什么难搞的花样，你也不需要任何特殊的器具。

如果你总是认为自己没时间做饭，我希望这本书能改变你的想法。这里的每一个食谱都是以省时为原则写就的。所有的准备工作，例如切菜，都安排在制作过程中的某个最合理的时间点上，并不需要额外耗时准备。食谱中给出的烹饪时间都是真实可信的。例如，在软化洋葱的时候捣蒜，要比准备好一切原料再开始做合理得多。当然，我知道有些人喜欢先把所有食材都切好。但是有经验的厨师还是会选择前者，因为这样可以节省时间。

每个食谱都以一张原料大合照作为开始，图中涵盖了每一种需用的原料（最常用的食材可能并未包含在内，例如盐和胡椒或佐餐的面包），且原料的样子就是接下来你在烹饪时用到的状态，数量也是真实的数量。这样是为了告诉你，我们在相同的起点上。插图中拍摄的食物，是我们严格使用食谱中提到的常用厨具制作的，和你在家做饭的过程完全一致。对于食材的采买，也无须担心，我没指望你们会每天都去农贸市场。食谱中用到的食材完全可以在超市买到，当然方便的时候去市场购买会更好。而对于食材质量的关注和把控，在最后的成品中也确实会体现出来。一旦准备好基本的厨房用料，私家料理不但会非常美味，而且比买外食实惠得多。市售的半成品确实让现代生活变得方便了许多，例如现成的油酥面团，但时间允许的情况下，最好还是尝试自己做。

如何有效利用这本食谱

1. 开始烹饪之前，将食谱从头到尾阅读一遍。这样做可以让你了解接下来会发生什么，以及需要注意什么。

2. 除非你对自己的厨艺很有自信，否则不要轻易改变菜谱中的原料——熟悉了基本做法之后，你还有很多机会创新。如果必须要使用替代品，确保用相似的材料替代。例如可以用白糖替代红糖，但不要用蜂蜜或甜味剂替代。尤其是烘焙食谱，各种原料之间是经过仔细调配的，不要轻易增加或减少。

3. 仔细称重和测量每一种食材，这对于烘焙尤其重要。除非另有说明，本书中以“汤匙”为计量单位时指的是刮平后的一勺。为了简化过程，帮助你更轻松地获得成功，全书统一使用公制计量单位。澳大利亚汤匙是20毫升，因此澳大利亚的读者应该用3汤匙来代替1汤匙。

4. 烹饪新手面对的两大挑战是控制时间和掌握火候。食谱一开始的“准备时间”会说明称量以及切好食材所需的时间，其中还包含各种预备性烹调，例如制作调味汁或在炖肉之前给肉上色。一些食谱要求你一直守在炉灶旁，例如制作快手汤。但对于一些烹饪时间较长的食谱，食物放上炉灶后，你就可以去做其他事情了。不同炉灶的火力有很大差别。我会依靠自己的感官来判断火候，但同时还是会设置定时器，以防自己走神。烹调时，记得问自己：颜色变黄了吗？闻起来香吗？中间冒泡了吗？

5. 烤箱一定要预热，然后关上烤箱门；不要每隔几分钟就打开烤箱查看，这样会降低烤箱温度，同时影响烹饪时间。最好能使用烤箱温度计，帮助矫正烤箱温度。

6. 注意食谱针对每种食材的状态和温度所做的说明。软化黄油应该非常软，几乎跟蛋黄酱一样。红肉在烹调之前应解冻至室温，不然你的烹饪时间会和我的不一致。鸡蛋在使用之前也应该处于室温状态。

7. 如果可能，我会尽可能减少切块的数量，而用简单的切片代替。本书最后有图片精确说明了什么是“细细切碎”，所有其他的术语，也都同其字面意思一致。

8. 多品尝。好厨师会经常品尝自己的食物，确保对烹调过程中发生的一切了如指掌。这是了解调味汁的调料够不够，浓缩得到不到位，以及够不够香的唯一方法。

9. 盛热食时，把盘子在烤箱中热一下，尤其是一些有调味汁或肉汁的食物。

10. 除非有特别说明，所有的蔬菜指的都是新鲜的；所有的胡椒指的都是现磨黑胡椒；所有的盐指的都是片状海盐；鸡蛋和蔬菜都是中等大小的（中等大小的鸡蛋重约60克）；牛奶指的都是低脂牛奶（semi-skimmed）。

厨房用具

下面这些是制作本书菜谱所需要的主要厨房用具。

砧板

你需要两块砧板：一块用来切生食，一块用来切熟食。塑料砧板耐磨，而且易清洗。如果你喜欢木砧板，那么选择质量好的木头。不要将木砧板浸泡在水中，否则容易开裂。木砧板不容易散味，所以我设定一边用来切味道较大的食物，另一边用来切无味的食物。将浸湿的厨房纸铺在砧板下面，可以用来防滑。

刀

要完成本书的菜谱，只需要几把刀就够了。首先，是一把厨师刀，刀刃一般长约20厘米，当然可以依照个人需求调整尺寸，或寻求厨具店的建议。选择握着感觉比较舒服的刀，既不要太轻，也不要太重，刀刃坚实，可以快速砍切。其次，是一把刃长约10厘米的小刀，用来切一些小东西。再次，切软水果或给面团做花边的时候，有一把小锯齿刀会非常方便。最后，是一把面包刀和一把抹刀，用它们来切饼底等易碎的东西最适合不过了。钝刀很危险，切东西时很容易滑落，所以切之前要用磨刀器具将刀刃磨锋利。

一套碗

一个大碗，一个中号碗，一个小碗，用于搅拌。耐热玻璃碗（即硼硅酸盐玻璃碗）很好用，它不但耐热，碗的深度还能防止东西溅出来。

量杯

600毫升和1升的量杯很实用，耐热玻璃材质的最为理想。如果只能选一个，小号量杯在测量较少的数量时比较有用，原料量较大时可以多次测量。

平底锅

你会用到小号、中号和大号的炖锅。大号炖锅要足够深，用来在做意大利面或土豆时煮开大量的水。另外需要一个大号的煎锅，直径24厘米的最为理想，如果你喜欢有条纹的，也可以准备一个条纹牛排煎锅。厨房新手可以选择不粘锅，但一定要买质量上乘的，因为使用频率很高。厚底锅传热更均匀。有隔热把手和锅盖的锅可以放入烤箱中焗烤食物。玻璃锅盖比较直观，无须打开就能看到锅里的情形，可以防止热量流失。

炉灶烤箱两用锅

在所有锅中，最有用的要算是大号铸铁锅了。这种锅可以在炉灶上使用，也可入烤箱。把手应是隔热的，内壁如做过不粘处理则更好。使用铸铁锅时应格外小心，铁传热非常快，而且热度在很长时间内都散不去。

焗盘

选择你能买到的最坚实的焗盘，因为直接放到炉灶上或烤箱中的时候，薄的焗盘会发生弯曲。准备一个四壁较高的大号焗盘。小号焗盘也会用得到，处理小块肉时，用小焗盘烘烤可以防止汁水过度蒸发。

烤盘、平板烤盘和烤模

边缘高约3厘米的大烤盘和单侧有边沿的平板烤盘都非常实用。在准备本书的菜谱时，我还使用过一个20厘米×11厘米，容量为1千克的标准吐司模；一个直径23厘米的波浪边挞盘；一个12连麦芬模；一个20厘米×30厘米的深烤盘；两个直径20厘米的活底浅蛋糕模；以及一个直径23厘米的派盘。

瓷烤盘

多准备几个质量较好的瓷烤盘（有时又被叫作上菜盘）非常必要，不论烤意式宽面这样的食物，还是用作配菜或沙拉的上菜盘都可以。尽量选用带把手的瓷烤盘。

秤

秤的最小刻度单位不能大于5克，建议选择精度高、易清洗的产品。

计量勺

计量勺可以选择金属或塑料材质的。使用成套的计量勺时，我会将所使用的勺子单独取下来，这样如果只用其中一把，就不用清洗一整套了。有些勺子对于一些窄口罐来说太大了，所以如果能找到，可以买一套窄勺。

食物处理机

拥有一台食物处理机能节省大量时间，它有切、磨、搅拌等多个程序，比手脚最麻利的厨师还要迅速。制作油酥面团时尤其方便，因为刀片可以保持面团凉爽，不会使面团加工过度，从而保证成品外皮质地酥脆。选择一个带有大号碗、功能最简单的处理机。不要买那些带各种配件的，因为你几乎用不到。

手持电动搅拌器

这是烘焙的必需品，可以为蛋糕糊增加空气和轻盈度，快速打发奶油，并将面糊搅打成团。台式厨师机效果可能更好，当然也更昂贵。

其他一些有用的器具

一个带有粗孔和细孔的擦丝器（也可以购买一把不锈钢刮屑刀，用来擦磨柑橘类水果的表皮）

一把油刷

一根擀面杖

一台柠檬榨汁机

一把长柄勺

一台马铃薯捣碎器

若干把木勺

一把塑料抹刀

一个蔬菜削皮器

烘焙豆若干

一个金属晾架

一个打蛋器

一个筛子

一个滤器

一把平煎铲

一些烘焙纸

烤箱

要熟悉家中烤箱的各种特性。有没有传统式加热（即上下火独立温控系统）？是否有热风对流功能？

传统电烤箱

这种烤箱的上部和下部由于接近发热元件，温度较高，烘焙蛋糕或烤大块的连骨肉时最好放在中层，这样不会把表面烤焦。需要上色重一些，或需要烤得焦脆的东西，例如烤土豆，可以放在最上层烘烤。

热风对流烤箱

本书中的烤箱温度指的都是传统烤箱的温度。在大多数情况下，如果你使用的是热风对流烤箱，需将温度调低20℃，但烘烤时间是一样的。热风对流烤箱烘烤速度更快，因为热气可以在食物周围流动。不过各种烤箱类型差别很大，有的温度显示器可以自动做出调整，因此使用前应参考烤箱说明书。热风对流烤箱的温度是均匀的，所以食物放在哪里都可以，需要的预热时间也更短。

煤气烤箱

这种烤箱有三个加热区域，底层温度最低，上层则是最热的。因此将需要烤得焦黄的食物放在烤箱最上面三层，蛋糕和烤肉放在中间，需要小火烤的放在最底层。

原料和采购

本书中的所有原料都能从大超市中买到，但偶尔去菜市场和批发商那里了解一下当季食材也不错。告诉他们你是个厨房新手，他们会很乐意与你分享经验、技巧和心得。根据自己的购买力，尽可能选购优质的肉和鸡蛋——好食材不会辜负你的胃。

肉

商家会帮你切肉、分割，并提供一些烹调建议。如果你想尝试做汤，他们说不定会乐意送你一些骨头。尽量选购来源可追溯，饲养标准高的肉类，条件允许的话，建议购买散养或有机绿色肉禽类——这种肉类口感和质地皆属上乘。红肉应肥瘦相间，颜色自然（既不是灰色，也不是不自然的鲜红色），微微有光泽，但不黏腻。骨头上面应是白色的，略带一丝青色的粉红。鸡肉应该看起来绝对新鲜，表面没有任何变色或散发难闻的气味。再一次强调，在经济能力范围内选购最好的肉。

鱼

商家可以帮你刮鳞，清洗甚至分切。而且水产市场的鱼类品种更多，新鲜的或冷冻的应有尽有，这与你所处的地区和季节有关。辨别濒危鱼类不是件容易的事。最简单的办法是选择标明“可持续捕捞”的鱼类，亦称“永续海产”，指一种依从可持续发展策略而捕捞或养殖的海鲜，其从捕捞或养殖而获得的产量都可以维持，不会对生态系统造成影响，也可以尝试一下商家推荐的新品种鱼。选择眼睛明亮的整鱼，鱼鳞要发亮，鱼鳃呈红色，没有鱼腥气。购买分切好的鱼肉难度较高，因为判断新鲜度的最重要因素（眼睛和鱼鳃）都被去掉了。选购肉质坚实，鱼鳞发亮，光滑而有光泽的鱼肉；看起来颜色发暗，肉质发软，或者腥气非常重的鱼肉一定不能买。

蚌类和蛤蜊类的海鲜很难判断新鲜度，嗅觉是最可靠的工具；闻一闻，你就很清楚什么不该买了。有时冷冻鱼和冷冻海鲜比所谓的新鲜海产品还要新鲜，因为前者刚一出水就被冷冻起来了，变质时间更短。

鸡蛋

条件允许的话，尽量选购散养鸡蛋，或有机鸡蛋；其味道比机械化饲养或圈养的鸡所生的蛋要好，而且母鸡的生存条件也要更好一些。

水果和蔬菜

去菜市场采购更环保，减少了食物运输的路程。在市场里经常有机会尝试一些超市里没有的水果和蔬菜，这些蔬菜和水果的产量较低，无法满足大型连锁超市的需求。挑选蔬菜或水果时，同等大小的情况下，我喜欢选沉一些的。

水果和蔬菜使用前要先清洗，即使看起来很干净，上面也可能会有一些泥土或农药残留。去除外面的粗叶子，土豆、胡萝卜以及其他一些根茎植物，可以根据自己的喜好决定是否去皮。许多维生素和营养物质刚好就藏在水果和蔬菜表皮下面，因此皮不要削得太多（也可以不削皮，用硬刷子刮干净）。

储存

肉类和禽类冷藏时间不能超过三天，放在冰箱最下层，以防止汁液污染到下面的食物。如果想要冷冻肉类、禽类或鱼类，留待稍后使用，一定要密封好，在购买当天进行冷冻。食用时间最好不要超过一个月。冷冻的肉或鱼应在食用前一天取出，冷藏解冻一夜，放在托盘上或大盘子上，以防止汁液流出。对于鱼类和海鲜品，除非使用冷冻的，不然最好在食用当天购买。

鸡蛋也需要放在冰箱中，可以保存三个星期。不要同气味较大的食物放在一起，因为鸡蛋很容易吸味。

新鲜香草需要冷藏。一种较好的保存方法是用湿厨房纸将其包裹起来，然后放到食品袋或容器中。

如果运气好的话，生菜可以放好几天。一定要放在冷藏空间下面的盒子里，而且只购买需要的数量，不要一次买太多。

蔬菜和水果需要放在冰箱中冷藏保存，除非还需要再成熟一段时间。但也有一些例外，例如香蕉、番茄（除非近期你不打算食用）、鳄梨。水果在食用前一小时拿出来，因为冷气会影响其口感和质地。柑橘类水果在室温下榨汁更容易。

奶制品储存需格外小心。最好检查标签上的保质期，不过一般来说，牛奶、酸奶、软奶酪和奶油可以保存大约一周。奶酪如果作为一道菜单独食用，常温风味更佳。

出售日期和使用日期

需要注意的是生产商标明的使用日期。出售日期是给批发商看的——在使用日期之前，食物通常都可以食用。

基本储藏食物

一个齐全的储藏柜是烹饪成功的基础。储备充足后，你可以慢慢减少采购的数量，最终只需要购买新鲜食物。

油和黄油

准备一瓶淡橄榄油，用于一般的烹饪，另外准备一瓶特级初榨橄榄油，用于菜肴最后的调味和装饰。葵花籽油和植物油也需要，后者的味道很淡，沸点很高，非常适合油炸。无盐黄油是做菜的最佳选择，可以根据自己的口味决定加多少盐。

罐头食物

罐头装的豆类或蔬菜是健康又实惠的基础食材。可以从罐装利马豆（butterbean）、红芸豆和番茄碎开始尝试。

意大利面、面条、小扁豆或干豆

这几种食物几乎可以无限期保存，烹饪意大利面时，从一种长条形的和一种短条形的开始尝试，前者如意大利细面条，后者如通心粉。一般情况下，不同形状的意大利面可以相互替代。

面粉

玉米面粉用来增稠，普通面粉用来做糕点（另外还有其他无数种用法），自发面粉用来烘焙。

研磨香料或整香料

磨碎的或完整的茴香籽、芫荽、姜黄、辣椒、红辣椒（烟熏的和普通的）、肉桂、混合香料、肉豆蔻和姜，在本书中都是常见的食材。购买香料时一次不要买太多，因为其调味能力在几个月之后就会消失，储存应选择凉爽避光的地方。

干香草

如果没有新鲜香草，干香草也能派上用场。我最经常使用的有牛至、百里香和混合香草。在可以用干香草替代新鲜香草的情形下，例如长时间的慢烹调中，一茶匙干香草等同于一小把新鲜香草的量。做砂锅菜时，干迷迭香可以替代鲜迷迭香，但做希腊沙拉时，则不宜使用干欧芹。

糖和蜂蜜

未经提纯的粗糖的风味最佳。蜂蜜则最好选用挤压瓶包装的，有刻度，质地黏稠而流畅，颜色清透的类型。

干果，坚果和种子

干果应选购果肉饱满的。高质量的葡萄干和无籽小葡萄干所含的细碎而恼人的葡萄茎会少一些。坚果一般几个月就会变质，特别是花生，因此不要储藏太多。

芥末

原粒芥末和法式芥末最适合用于烹饪，口感温和而柔润。英国芥末气味更刺激。

大蒜

选购大蒜时，选择蒜皮薄、紧实且没有斑点的。我总是选择蒜瓣较大的蒜头。

奶酪

准备一块帕尔马奶酪或其他硬奶酪，在急用奶酪时将会派上用场。

凤尾鱼和刺山柑

我喜欢油渍凤尾鱼和盐渍刺山柑，同其他盐渍食材不同，这二者在使用前无须清洗。

调味油

芝麻油可以给干煸蔬菜和蒸蔬菜增添一丝干果香气，核桃油则可以给沙拉增添一分别样风味。

盐和胡椒

我喜欢用薄片型的英国美顿（Maldon）海盐，用其他品牌的片状海盐替代也可以，黑胡椒应在使用时现磨，这样可以尽可能保存其热度和味道。

干辣椒碎

使用干辣椒碎比将整个辣椒切碎更快捷（在对鲜味要求不是那么高的情况下），可以在菜做好后撒到食物表面。

醋

选择一瓶质量上乘的白酒醋或红酒醋——可以保存数月，用于沙拉和调味汁，可以使菜肴更开胃。

浓汤块

高汤味道越好，菜肴最终的味道就越好。通过将浓汤块或浓汤粉放在热水中熔化得到的浓汤，对于大多数菜肴来说品质已经足够好了。浓缩液体浓汤效果会更好，但制作肉汤时，尽可能使用质量上乘的现成浓汤（甚至可以自己动手做）。这种浓汤可以做出质地和味道绝佳的肉汤，熬汤的骨头还富含天然胶质。如果选购的是有机肉，那么选购浓汤时，也应选择有机的。

其他

伍斯特沙司（Worcester sauce，亦称英国黑醋、喼汁）、番茄酱、香草精也都非常有用，另外还有哈里萨辣酱（harissa）和辣椒酱。

节省时间的食材

制作核桃派的时候，可以使用市售的油酥面团，或者购买已经压碎的面包屑。不用每次都切鲜辣椒，可以用少许辣椒酱代替。重要的是你真的尝试着去烹调。

早餐和早午餐

BREAKFAST

&

BRUNCH

浆果奶昔
Berry Smoothie

准备时间：5分钟
2人份

浆果奶昔制作快捷，有饱腹感，而且非常健康，相对于一成不变的麦片或吐司早餐来说，是一种美味的调剂。冷冻浆果用起来非常方便——如果你只想用一部分，剩下的短时间内吃不完的话，可以冷冻保存。用当季的新鲜水果制作时，可以将覆盆子和黑莓混合使用。

1个中等大小的熟香蕉

100克冷冻的夏季浆果，在冷藏室中解冻一夜

150克原味酸奶

300毫升牛奶

2汤匙液态蜂蜜

1

将所有原料放入搅拌机中。

2

搅拌一分钟左右，直至混合物变得浓稠，光滑。

3

倒入2个高玻璃杯中，立即食用。

选择哪种酸奶?

选用有机淡酸奶，而不是原味酸奶，后者味道会有些重，会盖过水果的味道。

变化形式

为了让奶昔更饱腹，搅拌前可以在里面加2汤匙燕麦片。

肉桂卷
Cinnamon Rolls

准备时间：30分钟，另加1.5小时用于发酵
烘烤时间：25分钟
可以制作12个

早餐吃一个肉桂卷，真是一种莫大的享受。大多数以面粉为基本原料的食谱都需要花些时间混合原料，这个面包卷也不例外，不过已经省掉了耗时的揉面程序。肉桂卷趁热食用最佳，所以如果想提前做好，可以参考第22页的提前制作“小贴士”。

500克普通面粉，额外准备少许，面团整形时使用

1茶匙片状海盐

50克金色砂糖（golden caster sugar）

1袋7克装的速发酵母

150克非常软的无盐黄油，额外准备少许，用于涂抹模具

150毫升牛奶，另加2汤匙，用于制作糖霜

2个中等大小的鸡蛋

1茶匙植物油

80克黑砂糖

1茶匙肉桂粉

80克无籽葡萄干，可以用普通葡萄干或二者的混合物替代

150克糖霜

50克山核桃

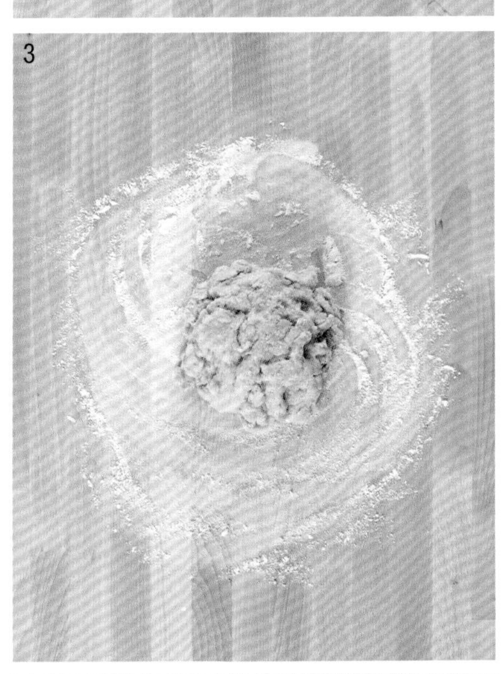

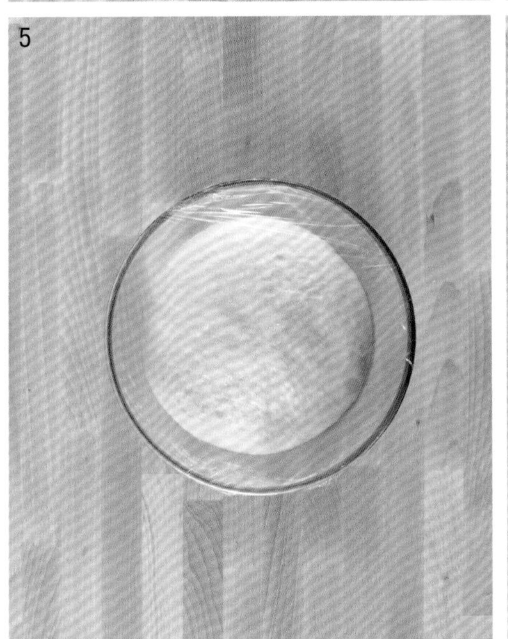

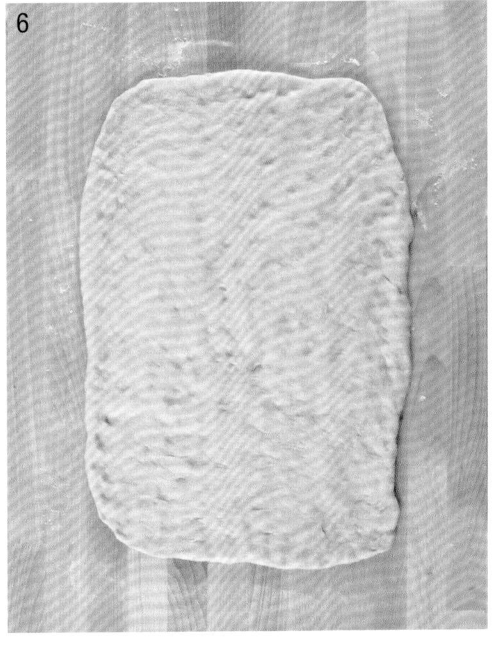

1

将面粉、盐、黑砂糖和酵母放入一个大碗中。在一个小平底锅中熔化50克黄油。将锅从炉灶上移开，用一把餐叉边搅拌边加入150克牛奶，再加入鸡蛋搅打均匀。

2

将液态原料混入干性原料，并快速搅拌，直至形成一个黏面团。盖上保鲜膜，放置10分钟。

3

在工作台上撒少许面粉，然后将面团倒在工作台上。

4

在面团顶部撒少许面粉。确保双手干燥，沾少许手粉，将面团揉成一个光滑而有弹性的圆球。这个过程只应该用30秒钟左右。

如何揉面

用一只手按住面团左侧边缘，另一只手抓住另一侧的外缘，向外推，再提起向内折叠，向下按实。完成后将面团旋转45度，然后重复这个过程。重复几次后，面团就会变得光滑而有弹性，如果面团太黏，就在上面多撒一些面粉。

5

在一个大碗内部涂抹少许油，然后将面团放进去。保鲜膜表面涂少许油，涂油的一面向下盖到碗上面。把碗放到温暖（但不热）的地方。一个小时之后，面团会膨发到原来的两倍大。

6

工作台表面撒上面粉，手上也沾上面粉，取出发好的面团放在上面。用手掌和手指将面团按成一个约40厘米×30厘米的长方形。

7

制作馅料，将剩下的黄油均匀涂抹到面团上，然后撒上金色砂糖、肉桂粉和葡萄干。将山核桃切碎，撒在上面。

8

从面皮的长边向中心卷起来，就像卷地毯那样。

9

用沾有少许面粉的利刀切掉面卷的两端，扔掉，然后将剩下的面卷切成相等的12片。

10

取一只25厘米×23厘米的深烤盘或焗盘，用黄油涂抹内壁。把面卷放入烤盘中，切面向上，之间留出一定空隙。

11

在一张保鲜膜上面涂上少许植物油，然后松松地盖在面卷上面。在温暖的地方放置30分钟，直至面团进一步膨胀，之间已无间隙。将烤箱预热到180℃/350℉/火力4挡。

12

烤25分钟，直至面卷膨胀，表面呈金黄色。在烤盘中冷却15分钟，取出移至晾架上。将糖霜筛到碗中，同2汤匙牛奶混合，做成光滑的液体糖衣。趁面包卷仍然温热时，用勺子淋在面包表面。

提前准备

提前一天准备好面团，然后在做完步骤10之后将切好的面卷放到冰箱中。面卷会以极慢的速度膨发。第二天，取出面卷，在室温中放置1小时左右，直至面卷充分膨大，不再有间隙，达到步骤11的效果。然后依照前面的说明入炉烘烤。

班尼迪克蛋
Eggs Benedict

准备时间：15分钟
烹饪时间：15分钟
2人份

用这道经典的早午餐菜肴开启你的周末时光吧。荷兰酱（Hollandaise sauce）一直以制作复杂著称，但我的方法可以帮你轻松制作出柔滑浓郁的调味汁。选择最新鲜的鸡蛋。鸡蛋越新鲜，水波蛋的蛋白和蛋黄粘连得越紧实。

100克无盐黄油，另备少许用于涂抹松饼
6个非常新鲜的中等大小鸡蛋
1汤匙外加半茶匙白酒醋
半个柠檬
1茶匙片状海盐
1撮辣椒，另备少许用于上桌时装饰
2个英式松饼
2片熟火腿
盐和胡椒

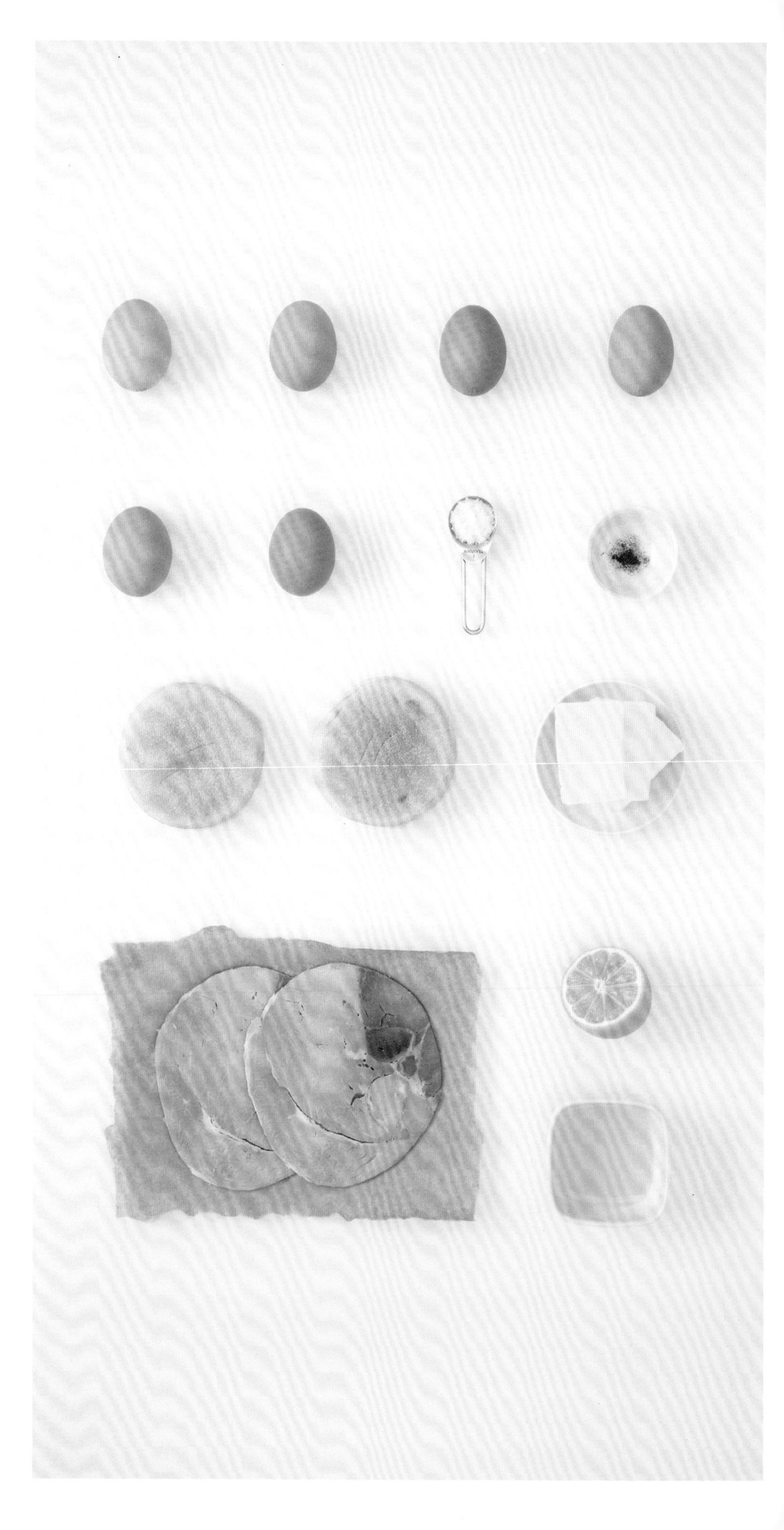

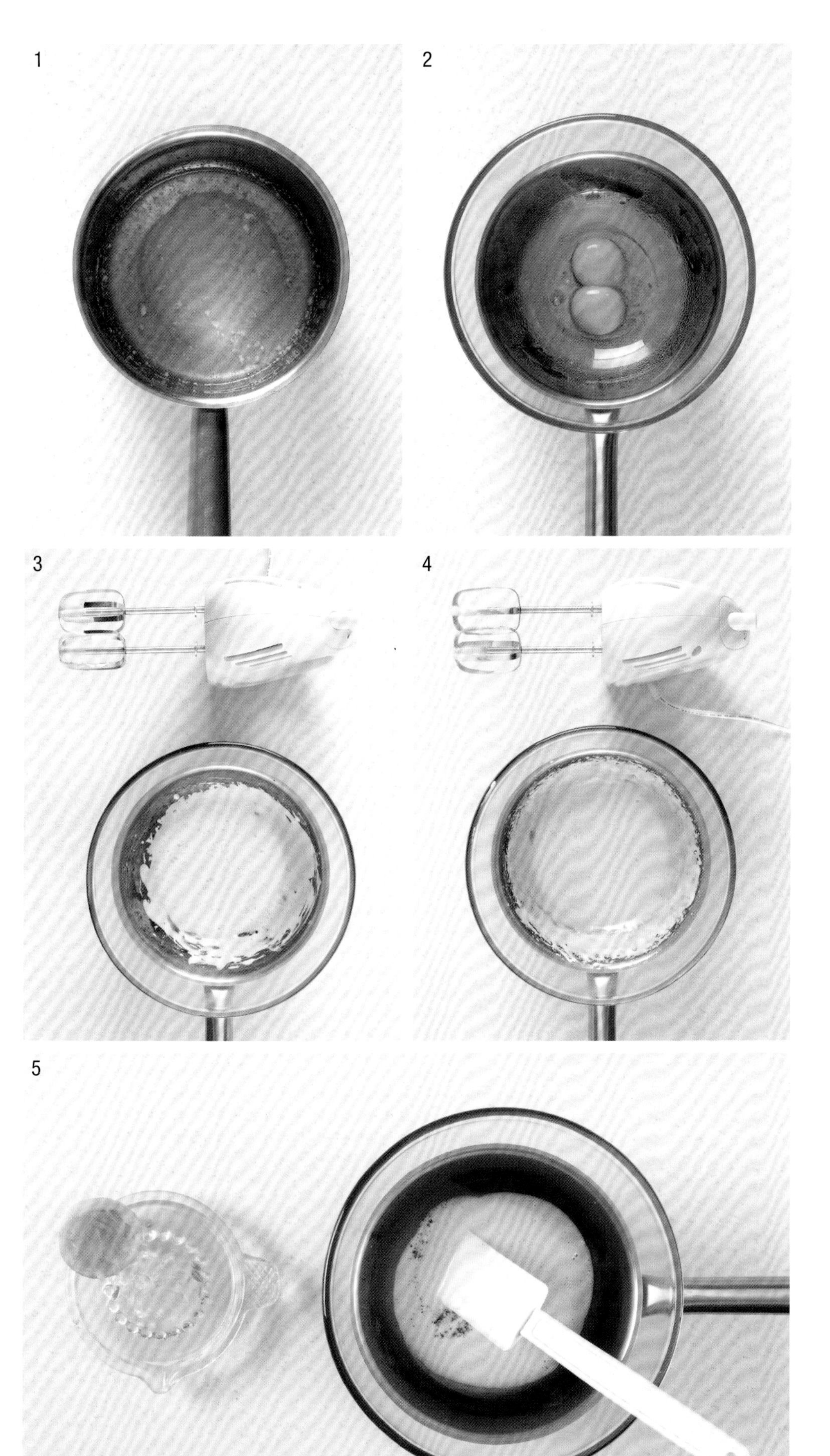

1

在一只小炖锅中熔化黄油，然后用炉灶的最低温度使其保持温热。与此同时，烧一壶开水。

2

将2个鸡蛋的蛋黄和蛋白分离（见第243页），将蛋黄放入一个中等大小的耐热搅拌碗中。在一个中等大小的平底锅中倒入半锅开水，加热至微微沸腾。将搅拌碗架在平底锅上面，确保碗底不会接触到水。在蛋黄中加入半茶匙白酒醋。

3

用手持电动打蛋器持续搅打3分钟左右，直至蛋黄变得浓稠，颜色变得非常浅。此过程中应确保下面平底锅中的水只是微微冒泡，而不是沸腾。

4

继续打发，然后大约分6次将温热的黄油倒入其中，每加入一次后都要充分打发。加入全部黄油后，立即将平底锅从炉灶上移开。如果酱汁出现分离状态，水分过多，不要担心：将其刮到一个冷却的碗中，加入1汤匙冷水打发，直至其重新混合均匀。如果这么做还是不行，可以尝试在一个干净的搅拌碗中打入一个蛋黄，倒入分离的酱汁一同打发。

5

柠檬挤汁，与辣椒一同加入酱汁中，柠檬汁的量为1汤匙。加入少许盐调味，可以根据个人口味再多加一些柠檬汁。酱汁的香味和酸味应恰到好处。如果酱汁看起来过于浓稠，可以加入2茶匙热水搅拌均匀。在酱汁表面盖上一层保鲜膜，防止表层结膜。煮鸡蛋的时候，将酱汁放在平底锅上面，保持温热。

6

煮鸡蛋，在平底锅中加入半锅热水。加热至沸腾，加入1茶匙盐和1汤匙白酒醋，然后把火调小，使水保持微微沸腾，不时有水泡冒出水面即可。在杯子中打入一个鸡蛋。在碗中加入热水，置于一旁待用。用一把漏勺将平底锅中的水搅出一个旋涡。

7

轻轻将鸡蛋从杯中滑入水旋中央。一开始如果显得有些散乱，不必担心——随着水的旋转和加热，鸡蛋的外形会更整洁，更圆润。

8

让水在将沸的状态保持3分钟，直至蛋白凝固，此时蛋黄仍然很软。煮的过程中不要搅拌鸡蛋。用漏勺小心地将鸡蛋从平底锅中捞出来，放到盛有热水的碗中。将剩下的鸡蛋依此法煮熟，并依次放入热水中。

9

将松饼片成上下两片，放入烤面包机中烤热。盛到盘子里，上面涂一层黄油。在每块松饼上面叠放半块火腿。用漏勺从水中捞出一个鸡蛋，在勺子下面垫一片厨房纸巾，将水吸干净（不然水会使松饼变得松软）。然后将鸡蛋放到火腿上面，剩下的鸡蛋也重复这个过程。

10

舀起一大勺荷兰酱汁浇在蛋上，立即食用。可以依照个人口味撒少许辣椒。

烟熏三文鱼炒蛋贝果
Scrambled Egg & Smoked Salmon Bagels

准备时间：5分钟
烹饪时间：2分钟
2人份（可依就餐人数加倍）

英式奶油炒蛋配上几片美味的烟熏三文鱼，为生活增添了一丝混搭的都市风味。在本食谱中，可以用烟熏三文鱼碎替代三文鱼片。

2个贝果（bagel）
4个中等大小的鸡蛋
2汤匙牛奶或稀奶油
25克黄油
100克烟熏三文鱼片或三文鱼碎
1把新鲜细香葱（也可以根据个人喜好，选用香芹或小茴香）
盐和胡椒

1

将烤箱预热至140℃/275℉/火力1挡，放入两个大烤盘一同预热。将贝果横向片开，用烤面包机或烤箱烤热后，放入烤箱保温，同时开始炒鸡蛋。

2

在一个较深的容器中放入鸡蛋，牛奶或奶油，然后用叉子搅打混合，并加入盐和胡椒调味。

3

炉灶调至中火，放上一个小炖锅或煎锅。约30秒后，加入一半的黄油，加热至黄油起泡。

4

倒入蛋液，加热几秒钟，然后用木勺搅拌。沿着平底锅的边缘开始搅拌，这里温度最高，鸡蛋会最先熟。

5

煎1分钟后，将平底锅离火，用剪刀将大部分小葱剪碎，撒在煎蛋上。鸡蛋此时看起来还没炒熟，但在你处理贝果的时候，平底锅中剩余的热量会使鸡蛋继续熟成。

6

将剩下的黄油涂在贝果上，放入盘中。舀一些炒蛋放到贝果上，铺几片烟熏三文鱼片，再撒少许香葱和黑胡椒，立即上桌食用。

4

5

法式西多士配李子
French Toast with Poached Plums

准备时间：20分钟
烹饪时间：10分钟
4人份

西多士（亦称法式吐司或蛋奶吐司）是一道极为美味的早餐，但所需的材料却惊人地少：只需要1片面包、牛奶、糖和鸡蛋。如果再配上少许煮过的当季水果，则摇身一变，成为一道具有法式咖啡馆风味的早午餐，在家中也不难实现。

6个成熟的李子
5汤匙金色砂糖
4个中等大小的鸡蛋
200毫升全脂牛奶
1茶匙香草精
8片白面包（隔天的更佳）
2汤匙黄油，根据需要量可增加
1撮肉桂粉
4汤匙希腊酸奶，用于装饰

1

2

3

1

李子对半切开，用手指或者刀尖将果核小心地挖出来。将处理好的李子放入一个中号炖锅中，撒上3汤匙糖，然后加入5汤匙水。

2

盖上锅盖，用中低火加热15分钟，中间搅拌一到两次，直至李子变软，出现大量粉色的汤汁。如果你选用的李子过熟或者不熟，煮的时间可能或稍短或稍长一些。煮好后置于一旁，晾凉。

3

将烤箱预热至180℃/350℉/火力4挡，并准备好一些厨房纸和一个大烤盘。在一个大碗中加入鸡蛋、牛奶、1汤匙糖和香草精，用餐叉搅打均匀。将1片面包浸入鸡蛋混合物中，浸泡30秒后捞起，放到盘子中，用同样的方法再处理几片面包。

4

炉灶调至中火，将一只大号不粘煎锅加热30秒，放入1汤匙黄油。当黄油起泡时，小心地放入3片浸过蛋液的面包片，如果锅够大，也可以同时放入更多片。煎2分钟，直至底面变得金黄。用煎铲将面包片翻面，再煎2分钟，直至另一面也变得金黄，用煎铲轻按中间部分时充满弹性。煎第一批面包片的同时，可以将下一批面包片浸入蛋液中，并将剩下的糖和肉桂混合到一起。

5

第一批面包片煎好后装盘，撒一些步骤4中混合好的肉桂糖粉，立即食用，或放到垫有厨房纸的烤盘上，放进烤箱中保温。

6

将平底锅中残留的黄油用厨房纸擦干净，然后放入剩下的黄油。待黄油起泡，放入剩下的面包片。煎好后，也撒上肉桂糖粉。

7

上桌时，搭配李子和希腊酸奶。

提前准备

可以提前几天将李子煮好，上桌前预先放入平底锅中加热。如果没有李子，可以用杏代替，或者直接搭配现成的糖渍水果。

4

5

6

全英式早餐
Full English Breakfast

准备时间：10分钟
烹饪时间：大约30分钟
2人份（可依就餐人数加倍）

英式早餐算得上是最简单的菜式，但完成一整套早餐的同时还要保持所有菜品的热度，还是有一定难度的。这也正是我不用煎锅，而是用烤箱完成全部程序（除了鸡蛋）的原因。此外，烤制的早餐也比油炸的更健康。由于烤架火力各不相同，所以在时间把控上，烤箱比烤架要更可靠。

4根质量上乘的猪肉香肠
2—3汤匙葵花油或植物油
2个成熟的番茄
2个大号的蘑菇（褐菇是个不错的选择）
2片面包（白面包或黑面包）
6片干腌五花肉或4片瘦培根
2个非常新鲜的中号鸡蛋
盐和胡椒

1

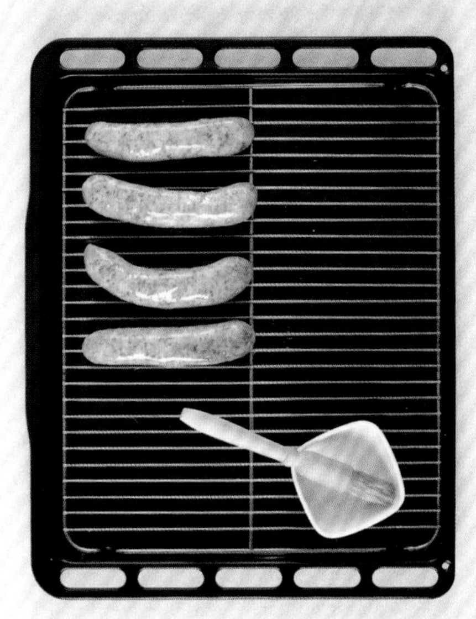

2

3

4

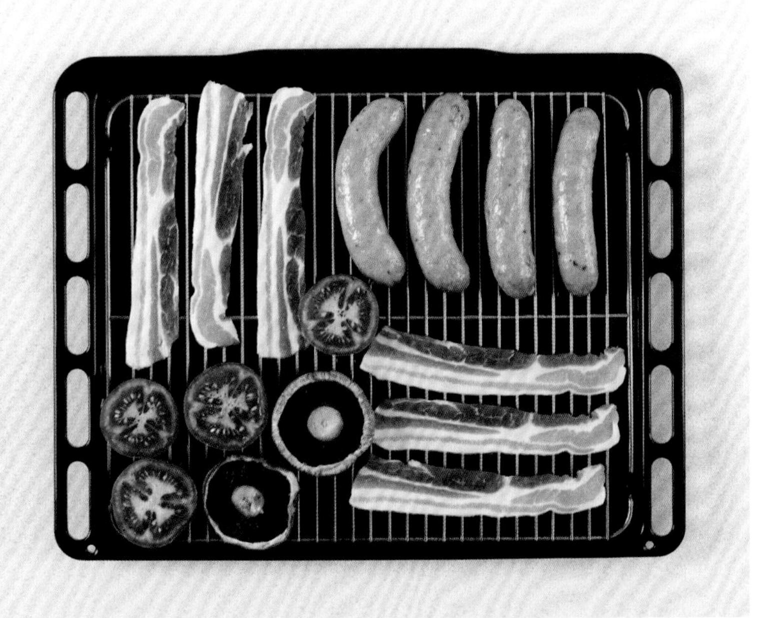

1

烤箱预热至220℃/425℉/火力7挡。将香肠放到烧烤盘的架子上，无须戳孔。香肠表面刷少许油。

2

香肠在烤箱中烤10分钟左右。同时将番茄横向片成两半（不是从茎部对半切开），去掉蘑菇的柄。在番茄的切面和蘑菇的菌褶上多刷一些油。撒上盐和胡椒调味。

3

面包两面刷少许油，然后切成三角形。

4

从烤箱中取出烤盘，将香肠翻面。将番茄、蘑菇和培根放到烤架上。各种食材之间留出尽量大的空隙。

为什么用干腌培根?

干腌培根是英式早餐的最佳选择。正如其名，这种培根在加工过程中没有添加多余的水分。这意味着同其他培根相比，这种培根释出的水分较少，收缩较少，烤熟后口感更香脆。不同种类培根的厚度差别极大，因此在烹饪时要留心火候。如果你选择的培根很快就熟了，可以先装盘，盖上一层锡纸保温。

5

将烧烤盘放到烤箱中再烤15分钟，只剩5分钟时，将面包放进去一起烤。各种食材在烤制时都会收缩，因此烤盘中应该会有一定的空间；如果需要的话，可以把其他食材稍微挪动一下，腾出空间。当培根的脂肪变黄，边缘翻卷起来，番茄变软，蘑菇变黑，析出汁液，就算烤好了。关掉烤箱，放入几只碟子预热，在此期间煎鸡蛋。打开烤箱门，这样食物可以保持温热，但不会继续加热。

6

中火加热煎锅，准备一个水杯或马克杯以及煎铲。把剩下的油放入锅里（应该还剩下2茶匙，如果没剩这么多，那就再从油壶里倒出一点儿），加热30秒左右。在杯中打入一个鸡蛋，然后滑到锅里。第二个鸡蛋重复同样的过程。

使用最新鲜的鸡蛋

在超市选购鸡蛋时，注意选择售卖日期或使用日期最远的鸡蛋。如果鸡蛋上没有标明保质期，可以用一杯水检查其新鲜程度：新鲜的鸡蛋会沉下去。如果鸡蛋不是特别新鲜了，可以试着做成炒蛋（见第28页）。

7

鸡蛋需要煎3分钟，煎制过程中，用煎铲小心地挑起热油，淋在鸡蛋上面，直至蛋白凝固。鸡蛋应发出嗞嗞的响声——如果鸡蛋开始炸裂，把火力稍微调低一些。

8

将鸡蛋和其他各种食材都盛入预热好的盘子中。立即上桌食用。

5

6

7

水果馅早餐麦芬
Fruit-Filled Morning Muffins

准备时间：15分钟
烹饪时间：20分钟
可以制作12个

有些早餐麦芬感觉太草率了，另外一些又过于豪华。这种含有各类干果馅的麦芬恰到好处：湿润，香甜，不会过甜，而且口感丰富。热量适当，让你一直到中午都感觉元气满满。

80克核桃
130克粗砂糖
50克混合植物种子（南瓜子、芝麻和葵花籽）
65克燕麦片
12颗干红枣，约50克
50克葡萄干或无籽葡萄干
250克自发粉
½茶匙肉桂粉
120克无盐黄油
250克原味酸奶
2个中等大小的鸡蛋
1根大号胡萝卜
盐

1

在12连麦芬模中放入蛋糕纸托，并将烤箱预热至200℃/400℉/火力6挡。将核桃粗粗切碎。分别将1汤匙糖、混合植物种子、燕麦和核桃在小碗中混合，置于一旁，稍后用于顶部装饰。

2

用厨房剪将红枣剪成小块。在大碗中，将红枣、葡萄干和剩下的砂糖、混合植物种子、燕麦、核桃、面粉和一撮盐混合到一起。

糖容易结块?

粗砂糖比其他糖更软、更黏，因此有时候会出现结块。干性食材中加入砂糖之后，可以用手指搓一搓，发现结块就揉碎。

3

在小炖锅中轻轻熔化黄油后离火。依次加入酸奶和鸡蛋，持续用餐叉搅拌，直至均匀。

4

　　将胡萝卜擦成粗丝，称出150克。把黄油混合物和胡萝卜碎放入面粉混合物中。用铲刀或金属勺快速搅拌，直至充分混合，并仍留有一些干面粉。搅拌一定不要过度，否则会让麦芬口感过于紧实。

5

　　将面糊舀入纸托，直至每个都均匀填满。最简单的方法是使用两把甜点匙（中号汤匙）。用一把汤匙舀起面糊，用另外一把汤匙将面糊推入纸托里。将面糊用完，即使面糊堆得很满也不用担心。表面撒上准备好的装饰物。

6

　　将麦芬放入烤箱烤20分钟，直至膨发，色泽金黄，气味香甜。静置冷却5分钟左右，然后将麦芬取出移至晾架上。温热或彻底冷却后食用皆可。

如何确定烤好了?

　　用钎子或小木签插进一个麦芬中间。拔出来时钎子或木签表面干爽即是烤好了。如果上面粘有面糊，将麦芬放入烤箱中再烤5分钟。

保存松饼

　　放在密封容器中可以保存3—4天。

4

5

墨西哥式煎蛋
Huevos Rancheros

准备时间：30分钟
烹饪时间：10分钟
2人份（可依就餐人数加倍）

这道无比健康而丰盛的素食早餐能够为你开启充满活力、香气四溢的一天。如果你喜欢鸡蛋里面加点儿奶酪，那么在步骤5的最后，食材放入烤箱之前，在上面撒一把磨碎的奶酪（例如切达奶酪），奶酪会在鸡蛋烤熟之前熔化。

1个洋葱
1个红辣椒
半个青椒
1个大蒜瓣
1汤匙植物油或葵花籽油
1小把新鲜芫荽
1茶匙磨碎的小茴香
1罐400克的番茄碎
1茶匙辣椒酱
1罐400克的花豆，滤干水
2个中等大小的鸡蛋
盐和胡椒
墨西哥玉米饼，用于上桌时搭配使用（可选）

1

2

3

1

洋葱对半切开再切厚片，红辣椒去籽，切成大片。青椒切片（如果喜欢吃辣，可以保留里面的籽），大蒜压碎。小火加热一个烤箱通用的中号煎锅，然后放入油。加热30秒钟，放入蔬菜，充分翻炒。

2

蔬菜小火炒10分钟，直至变软。

3

蔬菜变软之后，将芫荽的茎部细细切碎。将芫荽茎和小茴香放入平底锅中翻炒，然后再炒3分钟，直至闻起来香气四溢。再放入番茄、辣椒酱和花豆，小火慢炖5分钟，当番茄汁开始变得黏稠，放入盐和胡椒调味。烤架用中挡温度预热。

辣椒酱

辣椒酱可以给豆子增加一丝香甜、烟熏及圆润的气味。如果没有辣椒酱，加入1茶匙番茄酱、1茶匙糖以及½茶匙辣椒粉或烟熏辣椒粉。

花豆

花豆常见于墨西哥菜肴，如果买不到花豆，也可以用红芸豆代替。

4

在一个小杯子中打入1个鸡蛋。用勺子在豆子中挖出两个洞，将鸡蛋滑入其中一个洞里。第二个鸡蛋亦如此。

5

盖上锅盖，小火加热5分钟，直至鸡蛋底部变熟了，但上面仍是可以晃动的半熟状态。如果喜欢全熟的鸡蛋，可以将平底锅放入烤箱烘烤1—2分钟，时间取决于你希望鸡蛋熟到哪种程度。

6

上桌前，撒上粗粗切碎的芫荽叶。同温热的墨西哥玉米薄饼一同食用味道更佳。

加热墨西哥玉米薄饼

市售的墨西哥玉米薄饼既可以用微波炉快速加热，也可以用锡纸包起来，放入烤箱，用180℃/350℉/火力4挡烤10分钟。

4

5

蓝莓枫糖热松饼
Buttermilk Pancakes with Blueberries & Syrup

准备时间：10分钟
烹饪时间：15分钟
4人份（制作16个松饼）

谁能抵挡一叠轻薄而柔软的热松饼的诱惑呢？热气腾腾的松饼摞得高高的，浇上枫糖浆，面对这样的美味，无人能够拒绝。

250克自发粉
3汤匙金色砂糖
2茶匙发酵粉
½茶匙片状海盐
1汤匙无盐黄油，外加少许用于上桌时使用
100毫升牛奶
1盒284毫升装的白脱牛奶（Buttermilk）
1茶匙香草精
2个中等大小的鸡蛋
1个无蜡柠檬
2汤匙或更多植物油或葵花籽油，用于油炸
200克蓝莓
枫糖浆，用于上桌时使用

1

将面粉、糖、发酵粉和盐放入一个大碗中，搅拌均匀。用打蛋器在混合物中央挖一个小坑。

2

在小平底锅中熔化黄油，然后关上火力。依次加入牛奶、白脱牛奶、香草精搅拌均匀，最后加入鸡蛋搅拌。将柠檬皮磨成碎屑，加入并搅拌均匀。

买不到白脱牛奶?

白脱牛奶（buttermilk，亦称酪乳）呈弱酸性，可以让混合物变得格外松软轻盈。如果买不到白脱牛奶，可以用酸奶代替，或把250毫升牛奶倒入碗或罐中，加入半个柠檬挤出的汁。放置几分钟，直至牛奶变得浓稠，开始结块，便可代替白脱牛奶使用。

3

将液体混合物倒入干性原料中间的小坑里。

4

用打蛋器搅拌成黏稠顺滑的面糊。如果你打算做好全部的松饼后再开始享用，那么将烤箱预热至140℃/275℉/火力1挡。

5

用中火加热一个大号不粘煎锅。加入1茶匙油，加热几秒钟，然后加入3大勺面糊，每一勺都用勺尖铺开。面糊入油时会发出嗞嗞的响声。面饼煎1分钟，直至表面开始出现小孔，边缘微微焦黄。

6

用煎铲铲起松饼并翻面。剩下的面饼也同样处理，另一面再煎1分钟，直至面饼变得蓬松，中间感觉很有弹性。装盘后应立即食用，或者放到预热的烤箱中保温，再继续制作剩下的松饼。每煎一组薄饼在平底锅中加1茶匙油。

7

松饼趁热上桌食用，搭配一块黄油，或浇上少许枫糖浆，外加一把蓝莓。

早晨制作太麻烦?

虽然现做现吃总是最好的，但也可以提前一晚做好松饼，早起加热一下就可以了。将烤箱预热至180℃/350℉/火力4挡，将松饼放到一个耐热碟中。盖上锡纸，重新加热10分钟，然后搭配黄油、糖浆和蓝莓食用。

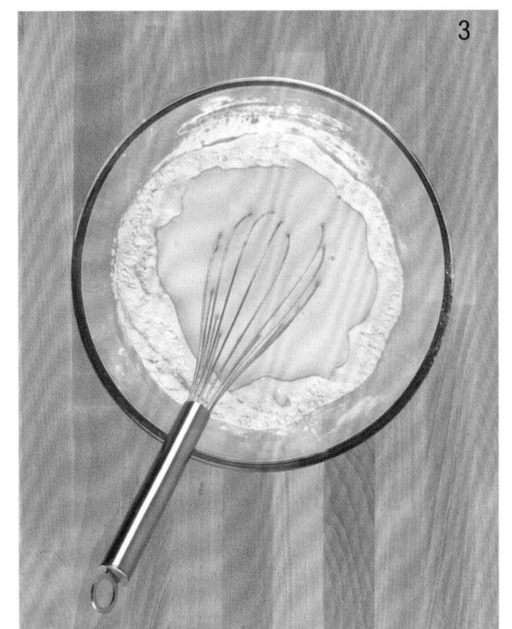
3

4

5

6

玉米饼搭配培根牛油果佐莎莎酱
Corn Cake with Avocado Salsa & Bacon

准备时间：20分钟
烹饪时间：大约15分钟
4人份（可制作12个玉米饼）

热气腾腾的玉米饼、香脆的培根，配上撩动人食欲的莎莎酱，既是传统早餐和早午餐的经典菜色，也蕴藏着令人耳目一新的变化。为了做出最轻柔松软的玉米饼，做好面糊之后应立即开始制作。

2个成熟的牛油果
1把葱
1个中号的红辣椒
2个酸橙
200克自发粉
½茶匙发酵粉
¼茶匙片状海盐
200毫升牛奶
2个中等大小的鸡蛋
2罐198克的甜玉米粒罐头，滤干水
3汤匙葵花籽油或植物油
8片干腌五花肉或瘦培根（见第37页）
盐和胡椒
辣椒酱，用于上桌时使用（可选）

1

2

3

1

先制作莎莎酱。将牛油果逐个对半切开。将刀刃小心地推进牛油果中，直至碰到果核。刀刃绕果核划一圈，抽出刀，双手分别握住切开的两半，旋转使其分开。用勺子挖出果核。将果皮从果肉上剥掉，然后将果肉切成小块，也可以用勺子将果肉挖出来。

如何选购牛油果

成熟的牛油果，表皮颜色中黑色部分比绿色多，按压茎部一端时，会稍稍下陷。捏起来太软的不要买，这样的牛油果是熟过头的。

2

葱切薄片，辣椒去籽后切碎。将一半葱和辣椒同牛油果混合，加盐和胡椒调味。酸橙对半切开后榨汁，加入牛油果中，搅拌均匀，然后将碗置于一旁。

辣椒去籽

辣椒纵向切开，然后用勺子头挖出里面的籽和白筋。

3

制作玉米糊。将面粉、发酵粉和盐放入大碗中，搅拌均匀，然后加入牛奶和鸡蛋，搅拌成浓稠顺滑的面糊。将甜玉米粒，以及剩下的辣椒和葱加入面糊中搅拌。

4

将烤炉以高温预热，用于稍后烤培根。制作玉米饼，用中高火加热一个大号的不粘煎锅。加入2茶匙油，加热30秒钟，然后舀入3大勺面糊，相互之间留出空隙。加热1分钟，直至面饼边缘变得金黄，表面开始冒泡。

5

用抹刀或煎铲将玉米饼翻面。再煎1分钟，直至面饼看起来蓬松，触碰中间部分时感觉很有弹性。装盘后放到烤炉底层或低温的烤箱中，以保持温热。用油和面糊按照同样的方法做出更多的面饼。

6

将培根放到烤盘上，入炉每面烤3分钟，直至变得金黄香脆。

7

将玉米饼盛在温热的盘子中上桌，搭配莎莎酱和培根。淋上几滴辣椒酱，风味更佳。

4

5

6

7

轻午餐

LIGHT

LUNCHES

烤火腿奶酪三明治
Toasted Ham & Cheese Sandwich

准备时间：10分钟
烹饪时间：约3分钟
1人份（可依就餐人数加倍）

火腿奶酪三明治（即法式三明治，croque monsieur），是生活中的简单快乐之一，每一口都是享受。再搭配上一些醋渍小黄瓜则会更加美妙。

50克格鲁耶干酪（Gruyère），或任何一种上好的熔化乳酪，例如埃曼塔乳酪（Emmental），波罗伏洛干酪（Provolone）或切达乳酪（Cheddar）

2片上好的硬皮白面包

1—2片熟火腿

1汤匙软黄油

1茶匙有籽芥末酱

醋渍酸黄瓜，用于佐餐（可选）

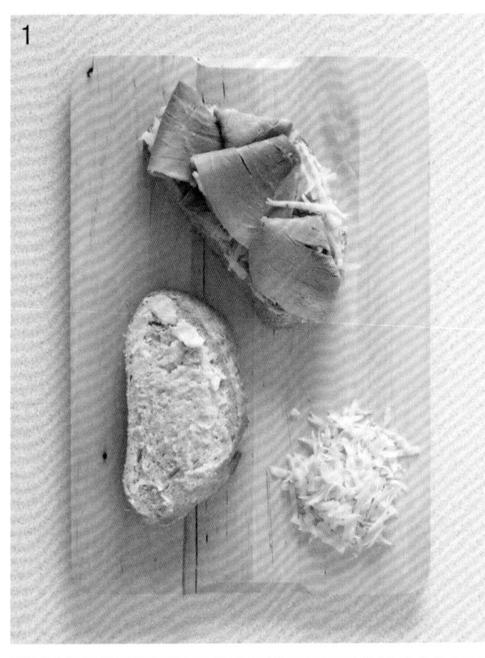

1

将烤架预热至高温。奶酪磨碎，两片面包双面涂抹黄油。将⅔的奶酪铺在其中一片面包上，再放上火腿。

2

另一片面包一面涂抹芥末酱，涂过芥末酱的一面向下盖在火腿上面，一个三明治就做好了。

3

将三明治放入一个不粘烤盘或铺有烘焙纸的托盘中，烘烤1分半钟，直至上方的面包变得金黄，并开始嗞嗞作响。用煎铲把三明治翻个面，烘烤另一面。

4

将三明治从烤架上拿开，然后将剩下的奶酪撒到三明治上面。确保三明治表面撒满奶酪，这样可以避免面包被烤焦。

5

将三明治再烤1分钟到1分半钟，直至奶酪开始冒泡，颜色焦黄，充分熔化并向四周流淌下来。装盘并立即上桌，旁边放上酸黄瓜。

粗麦粉辣酱沙拉
Couscous & Harissa Salad

准备时间：25分钟
烹饪时间：10分钟
4人份

给你的午餐增添些许摩洛哥风味吧，尝试一下这道芳香四溢的轻食沙拉。这道沙拉也是烤肉或自助餐中一道很棒的配菜。如果加点儿鹰嘴豆、羊乳酪碎，或加一些烟熏鲭鱼片，这道沙拉立即就成为你的一道创意菜呢。

2个辣椒（1个黄辣椒，1个红辣椒）

1撮藏红花丝（可选）

300毫升热蔬菜汤或鸡汤

200克粗麦粉（Couscous，亦称库斯或北非小米饭）

50克杏干或小葡萄干

1茶匙肉桂粉

1茶匙茴香籽或茴香粉

1个大蒜瓣

1个无蜡柠檬

2汤匙特级初榨橄榄油

50克烤杏仁片

1把葱或½个红皮洋葱

200克浓稠酸奶

1茶匙哈里萨辣椒酱（harissa paste），喜欢的话也可以多加一些

1把新鲜薄荷

盐和胡椒

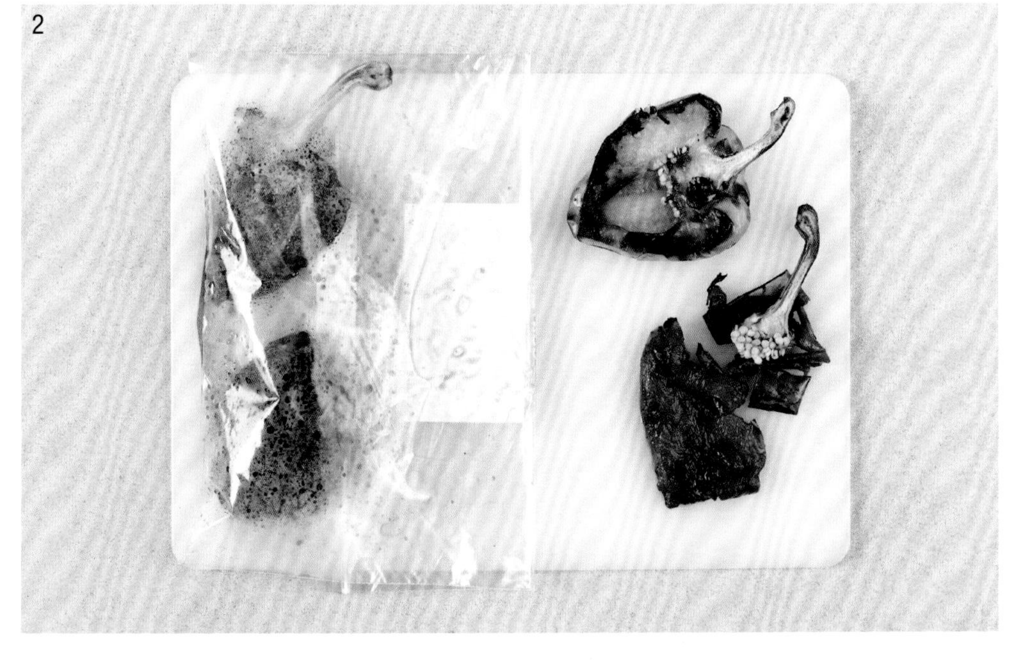

1

将烤架调至高温，烤架盘或烤盘上涂少许油。辣椒沿茎纵向切开，放入烤架盘或烤盘中。烤大约10分钟，直至表皮变黑。

2

将辣椒放入食品袋中密封起来，或放入碗中盖上保鲜膜。放置几分钟，直至温度适中不再烫手，剥除辣椒皮，去除茎部和辣椒籽，然后切片。

烤辣椒

自己烤辣椒比买罐装的要实惠，但如果赶时间，买现成的也完全可以。建议尽量选择油浸烤辣椒。

3

等待的同时，将藏红花丝放入热汤中搅拌。将粗麦粉放到一个大的搅拌碗中，加入热汤，盖上保鲜膜。放置10分钟。

4

制作辅料。炉灶调至小火，上面放一个小平底锅，加入肉桂粉和茴香。加热1—2分钟，直到香料散发出浓郁的香气，关火。将大蒜压碎，柠檬皮磨成碎屑，果肉榨汁。将柠檬皮、柠檬汁、大蒜和油加入平底锅中，放盐和胡椒调味。

5

当粗麦粉吸收了所有汤汁，体积膨大，表面干燥时，用餐叉将粗麦粉抖松，压碎其中的结块。加入辅料搅拌均匀，再加入辣椒和烤杏仁。洋葱切片，放入碗中，将各种材料搅拌到一起。

烤杏仁

如果在超市买不到烤杏仁，在烤盘上铺一些杏仁，放入烤箱中，用180℃/350℉/火力4挡烤5分钟，或直至杏仁颜色呈金黄色。也可以用中火在平底锅中炒5分钟，期间需不断搅拌。

6

上桌时，将酸奶和少许哈里萨辣椒酱搅拌到一起。撕一些薄荷叶放入粗麦粉中，搭配一勺酸奶调味汁食用。

哈里萨辣椒酱

哈里萨辣椒酱是一种来自北非的调味料，口味辛辣芳香，由辣椒、芫荽、大蒜和橄榄油制成。如果没有哈里萨辣椒酱，普通辣椒酱也是不错的替代品。

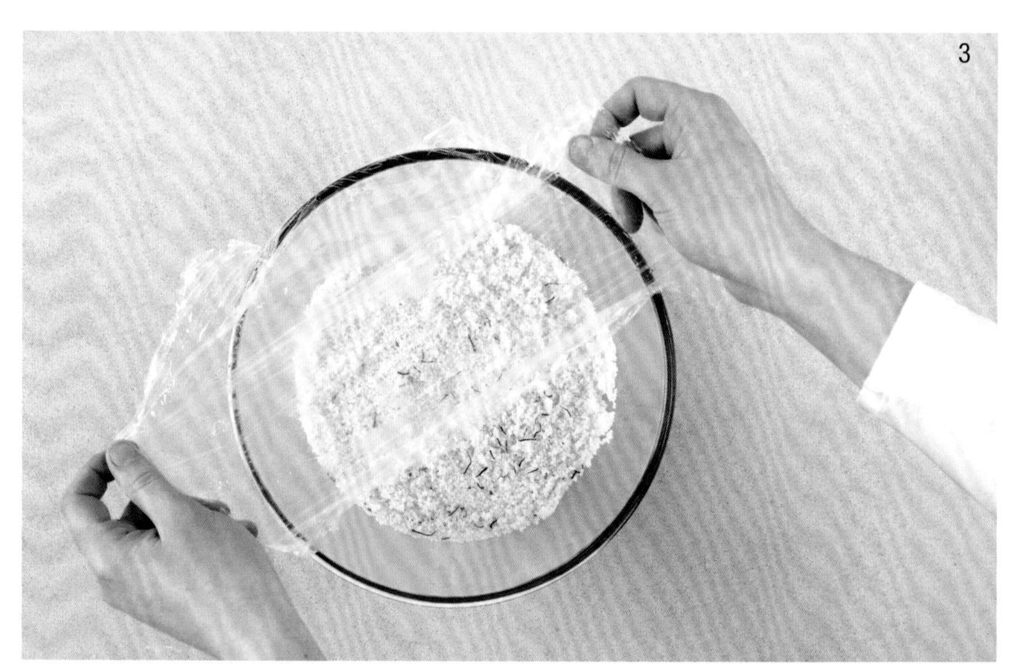
3

4

5

烤羊奶酪和甜菜根沙拉
Grilled Goat's Cheese & Beetroot Salad

准备时间：15分钟
烹饪时间：15分钟
2人份（可依就餐人数加倍）

这是一道散发着乡村小酒吧气息的风味沙拉，堪称经典——当然你也可以尝试再做一点改进，搭配一点儿脆皮面包和一杯冰白葡萄酒也会很不错。在4人餐菜单中，这将是一道很好的前菜。

25克松子
半个红皮洋葱
2汤匙红酒醋
2汤匙特级初榨橄榄油
2茶匙液体蜂蜜
2块100克山羊奶酪（带皮的那种）
2根百里香
4个中等大小的煮熟的甜菜根（不是醋浸）
1袋80克装的混合沙拉菜叶
盐和胡椒

1

炉灶开小火，上面放一个小号煎锅，然后放入松子。慢炒5分钟，不断搅动，直至松子烤熟，变得金黄。炒好之后倒入盘子中。

2

制作浇汁，将洋葱细细切碎，放入一个小碗中。加入醋、油、蜂蜜、一些盐和胡椒，然后置于一旁。

3

将烤架预热至中火。奶酪片切成两半，放到不粘烤盘或铺有烘焙纸的托盘中。摘掉百里香的叶子，撒到奶酪切开的一面上。再撒上盐和胡椒调味。

4

将奶酪放到烤架下烤5分钟，直至开始熔化，边缘变成棕色。

5

烤奶酪的时候，将甜菜根切成楔形块。同沙拉菜叶分别放入两个盘子中。撒上松子。

6

用抹刀或煎铲将奶酪从托盘上分装在两个盘子中。淋上浇汁，再撒上切碎的洋葱。立即上桌食用。

鸡肉恺撒沙拉
Chicken Caesar Salad

准备时间：15分钟
烹饪时间：15分钟
4人份（可依就餐人数减半）

往经典的恺撒沙拉中加入烤鸡肉可能并不是正宗的做法，但这肯定是一道能获得众人喜爱的午餐菜式。为了做出最美味的沙拉，菜叶上一定要均匀沾满浇汁。如果需要的话，可以用手搅拌，使生菜叶子和浇汁充分混合。

4片非常厚的上好白面包，总共大约250克
2汤匙淡橄榄油
4块去皮无骨鸡胸肉
1瓣蒜
2片油浸凤尾鱼片，控干油（可选）
½茶匙第戎芥末酱
4汤匙蛋黄酱
1茶匙红酒醋或白酒醋
50克帕玛森乳酪（Parmesan）
1棵罗马生菜
盐和胡椒

1

2

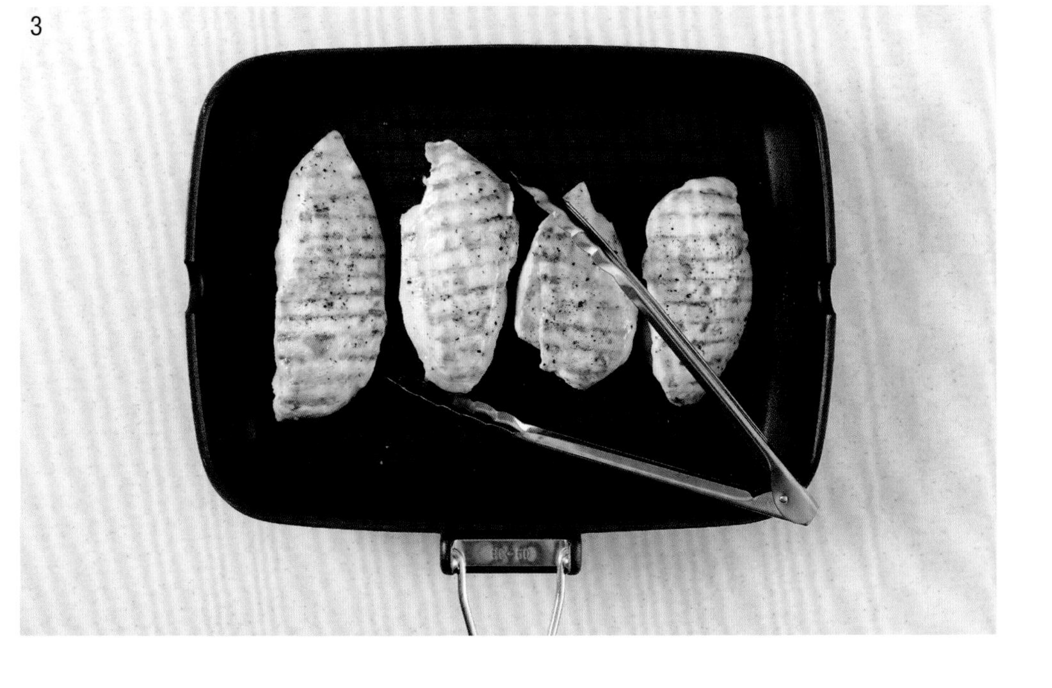

3

1

将烤箱预热至200℃/400℉/火力6挡。切掉面包皮，然后切成2.5厘米左右的小方块。将面包铺到一个大烤盘上，浇入1汤匙油。充分翻滚，使面包均匀沾满油，然后加盐和胡椒调味。

2

将烤盘放入烤箱中，烤15分钟，直至面包变焦黄香脆。

3

与此同时，开始处理鸡肉。炉灶调至中火，上面放一个中号煎锅或牛排锅，加热几分钟。如果使用牛排锅，将橄榄油涂抹在鸡肉上；如果使用煎锅，将橄榄油加入锅中。鸡肉加盐和胡椒调味，然后放入锅中，每面煎5分钟，直至鸡肉熟透，表面变得金黄。每面煎的时间不要少于4分钟，因为需要一定时间使鸡肉外面变得焦脆，这样才不会粘锅。完成后离火，放置于一旁。

是否煎熟了?

鸡肉装盘前需要切片，所以煎的时候，切开一块鸡肉最厚的部分检查一下也没关系。煎熟的肉里面应该没有粉色，没有汁液。如果需要，可以多煎几分钟。

4

煎鸡肉的同时，开始制作浇汁。蒜瓣压碎，放入碗中。生菜细细切碎，放入大蒜中，然后舀入芥末酱、蛋黄酱、醋和2汤匙冷水。奶酪细细磨碎，放入一半的量，搅拌均匀。加盐和胡椒调味，注意盐要少一些。浇汁应该黏稠得能够舀起来，而非像液体一样稀，但如果看起来过稠了（取决于蛋黄酱的牌子），可以在其中多加一些水搅拌均匀。

使用凤尾鱼

有的人可能会被这道菜里的凤尾鱼吓住——其实凤尾鱼不但不难吃，而且还会增添一丝醇厚可口的香味，给浇汁赋予一种实在感。

5

择洗生菜叶，去掉粗叶或外面的枯叶，将叶子充分洗净并晾干。将大叶片撕成小片，小叶片整用即可。处理好放入一个大号沙拉碗中。

处理生菜叶

清洗生菜并晾干，在碗中倒满凉水，放入生菜叶。微微抖动菜叶，清洗一番，然后滤干水。用沙拉脱水机将水甩干，或用干净的毛巾或厨房纸将水分拭干。

6

将一半油煎面包块和一半酱汁加入碗中，充分搅拌，使菜叶裹满酱汁。

7

鸡肉切成条，撒到沙拉上。撒入剩下的帕玛森乳酪和油煎面包块，再倒入剩下的酱汁。立即上桌食用。

4

5

6

7

鸡汤面
Chicken Noodle Soup

准备时间：15分钟
烹饪时间：25分钟
4人份

这道鸡汤面营养且低脂，根本不是任何速食可以相比的，而且制作也花费不了多长时间。用煮的方式烹制鸡肉，所有的香味都会存留在汤里，其肉质也不会发干。

2根芹菜
2根中号胡萝卜
25克黄油
½茶匙片状海盐
1枝新鲜百里香
1枝月桂叶
2块无皮去骨鸡胸肉
1.2升鸡汤
1块鸡蛋细面，大约65克
1小把新鲜的平叶欧芹（香芹）
半个柠檬
盐和胡椒
脆皮面包，用于搭配上桌（可选）

1

2

1

芹菜和胡萝卜切碎。炉灶调至小火，将一只中号平底锅放到上面加热，放入黄油。黄油冒泡之后，加入芹菜和胡萝卜、盐、少许胡椒、百里香叶和月桂叶。盖上锅盖，用文火继续加热10分钟，直至蔬菜开始变软，期间用锅铲不时搅动。

2

将鸡胸肉放到蔬菜上面，然后倒入鸡汤。

3

加热至沸腾，然后将炉灶调至小火。盖上锅盖，再煮10分钟，直至鸡肉完全煮熟，蔬菜变软。将鸡肉从锅中捞出来，放到砧板上。用2把叉子将鸡肉扯成鸡丝，或用刀子切成小块，重新放回锅中。

鸡肉煮熟了吗?

煮制10分钟后，红色的鸡肉会变白。如果不确定，捞出一块，从最厚的地方切开。肉质如果全都变为白色，即是煮好了。如果还带有红色或粉色，放回锅中再煮一会儿。

4

把面条用手捏碎，放入锅中，小火慢煮4分钟，直至面条变软。将欧芹粗粗切碎，放入锅中搅拌。挤入少许柠檬汁，尝一尝味道，然后加盐和胡椒调味。

5

汤可以单独吃，也可以搭配脆皮面包和黄油食用。

提前准备

如果提前制作这道菜，可以预先完成前三步。晾凉后放入冰箱冷藏。食用前，重新加热汤，然后加入面条，继续按照上面的步骤完成即可。

番茄百里香浓汤
Tomato & Thyme Soup

准备时间：5分钟
烹饪时间：20分钟
4人份

做这种汤时，罐装番茄会比新鲜的番茄更好用。罐装番茄所富有的浓郁香气正是这道汤所需要的。

1根胡萝卜
1个洋葱
25克黄油
1枝新鲜百里香
1颗大蒜瓣
2汤匙晒干番茄酱
3罐400克左右切碎的李形番茄
600毫升热鸡汤或蔬菜汤
3汤匙稀奶油或高脂厚奶油，外加少许用于上桌时搭配食用
盐和胡椒
脆皮面包，用于搭配食用（可选）

1

胡萝卜粗粗切碎，洋葱切碎。在中号平底锅中熔化黄油，然后加入洋葱，胡萝卜和大部分百里香叶子。加盐和胡椒调味，然后盖上锅盖。

2

炉灶调至小火，炒15分钟，直至炒出香气，蔬菜变软，但尚未变色。在炒的过程中，将蔬菜翻动两次。大蒜切薄片或压碎，此时加入锅中。

3

加入番茄酱、番茄和汤，搅拌，然后小火慢炖5分钟，直至蔬菜进一步变软。

日晒干番茄酱

日晒干番茄酱比普通的番茄酱要稍微甜一些，而且含油，可以丰富汤的口感。如果买不到这种番茄酱，用普通番茄酱加少许糖替代。

4

加入奶油，用手持搅拌器搅拌直至汤变得柔滑。也可以使用台式搅拌器。加盐和胡椒调味。

5

用勺子将汤盛入碗中，浇入少许奶油，撒上剩下的百里香，然后上桌，可以根据自己的喜好搭配脆皮面包。

变化形式

如果将这道汤作为头盘，将其质地做得稍微柔滑一些效果会更好。在搅拌之后，用筛子将汤筛入另一个平底锅中。重新加热时注意不要煮沸，不然会影响其口感。

希腊沙拉
Greek Salad

准备时间：20分钟
4人份

这道经典沙拉最适合盛产番茄的夏天。作为一道轻简餐，只需要搭配一些脆皮面包就够了。如果想要做得更丰盛一些，在步骤3的最后，将一罐利马豆（Butter bean）滤干水分，并洗净，加入其中搅拌均匀。这道沙拉还非常适合做烤羊肉或烤鸡的配菜。

8个中等大小或4个大号充分成熟的番茄
1个小红皮洋葱
1汤匙红酒醋
80毫升特级初榨橄榄油
2茶匙牛至叶碎
1根黄瓜
半个红辣椒
1把新鲜的平叶欧芹
80克卡拉马塔橄榄（Kalamata）或黑橄榄
200克羊乳酪
盐和胡椒
脆皮面包，用于搭配（可选）

1

2

3

1

将每个番茄切成6瓣，红皮洋葱切薄片。放入一个大的搅拌碗中。洒上醋和3汤匙油，然后加入1茶匙牛至叶碎，加盐和胡椒调味。放置10分钟。这个过程可以让洋葱稍微变软，番茄流出少许汁水，形成美味的调味汁。

选择番茄

完全成熟的番茄是深红色的，按压时会微微下陷，闻起来带有香气。除非是特殊品种，不然不要选择茎部仍为绿色，或颜色呈橙红色的，这样的番茄味道会很不好。

2

与此同时，将黄瓜切成两段，再将每一段纵向剖开。用削皮器削掉瓜皮。用勺子挖出瓜瓤部分，扔掉。这样可以防止黄瓜变软。将黄瓜切成半月形片状。

3

去掉辣椒中的籽，然后切薄片。欧芹粗粗切碎，然后同辣椒、黄瓜和橄榄一同加入搅拌碗中。搅拌均匀。将奶酪掰成小块。

用勺子将沙拉舀到盘子或浅碗中，每份撒入等量的奶酪。奶酪上面再撒剩下的牛至叶碎，浇入剩下的橄榄油。搭配脆皮面包上桌食用。

蘑菇大虾叻沙
Prawn & Mushroom Laksa

准备时间：10分钟
烹饪时间：10分钟
4人份（可以依就餐人数减半）

叻沙是南亚一带常见的快餐。如果叻沙酱不好买，可以用质量上乘的红色或绿色泰国咖喱酱代替。纯正的泰国牌的咖喱酱味道最好。叻沙酱本身不是太辣，所以如果你喜欢吃辣，在步骤2加少许切碎的辣椒。

100克米线，粗细均可
150克香菇或平菇
1把小葱
2茶匙植物油或葵花籽油
2汤匙叻沙酱或泰国咖喱酱（红色或绿色皆可）
1罐400克左右的椰汁（可依个人喜好选择低脂类的）
400毫升鱼汤或鸡汤
200克大号的生虾
150克豆芽
1—2汤匙鱼露，用于调味
1个酸橙
半茶匙糖
1把新鲜的芫荽，上桌时使用

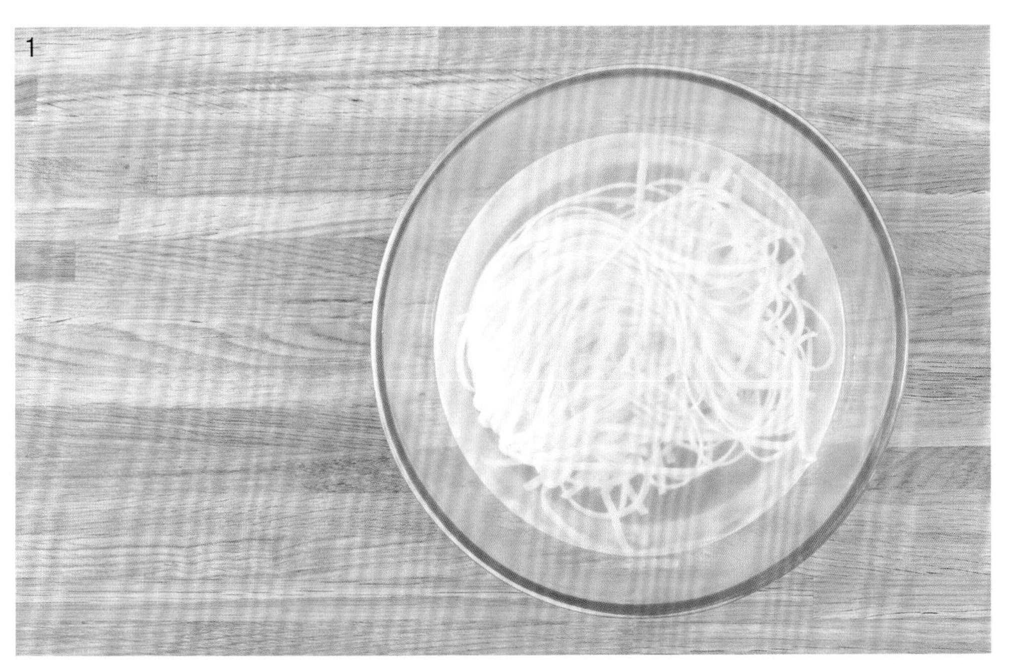

1

烧一壶水。将米线放到一个大碗中，然后倒入足够的沸水，没过米线。浸泡的同时准备其他食材。期间搅拌几次，将粘连在一起的部分拆开。

2

蘑菇切厚片，洋葱切薄片。炉灶调至高火，平底锅中放入1茶匙油。放入蘑菇和葱炒2分钟，直至变软。盛到盘子中。

3

火力调低，加入剩下的油。将叻沙酱或咖喱酱在油中煎3分钟，不断翻炒，直至香味出来。

4

倒入椰汁和汤搅拌，小火炖2分钟。将虾放进去，然后再煮3分钟，直至虾从灰色变成通体粉红。

选虾

冷冻虾质量并不一定比冷藏虾差，有时甚至更好，因为前者刚打捞出水还很新鲜的时候就被冷冻了。快速解冻生虾的方法是，将其放入碗中，放入冷水没过虾。放置10分钟，期间换几次水，直到虾完全解冻。滤干水分。

5

放入豆芽，搅拌一下，再将葱和蘑菇倒回锅中。加鱼露、酸橙汁和糖调味，然后关上炉火。豆芽应该仍然很爽脆。

6

用筛子滤干米线的水分，放入4个碗中。倒入汤，撒上撕碎的芫荽，即可上桌食用。

简易香草煎蛋饼
Simple Herb Omelette

准备时间：5分钟
烹饪时间：1—2分钟
1人份

没有比煎蛋饼更快的料理了。一定要使用散养鸡产的蛋——条件允许的话，最好用有机鸡蛋——这样才能获得最佳滋味。掌握了最基本的煎蛋饼的技巧后，可以按照第86页的说明尝试一下不同的馅料。

3个中号鸡蛋
1把新鲜细香葱
1汤匙黄油
盐和胡椒

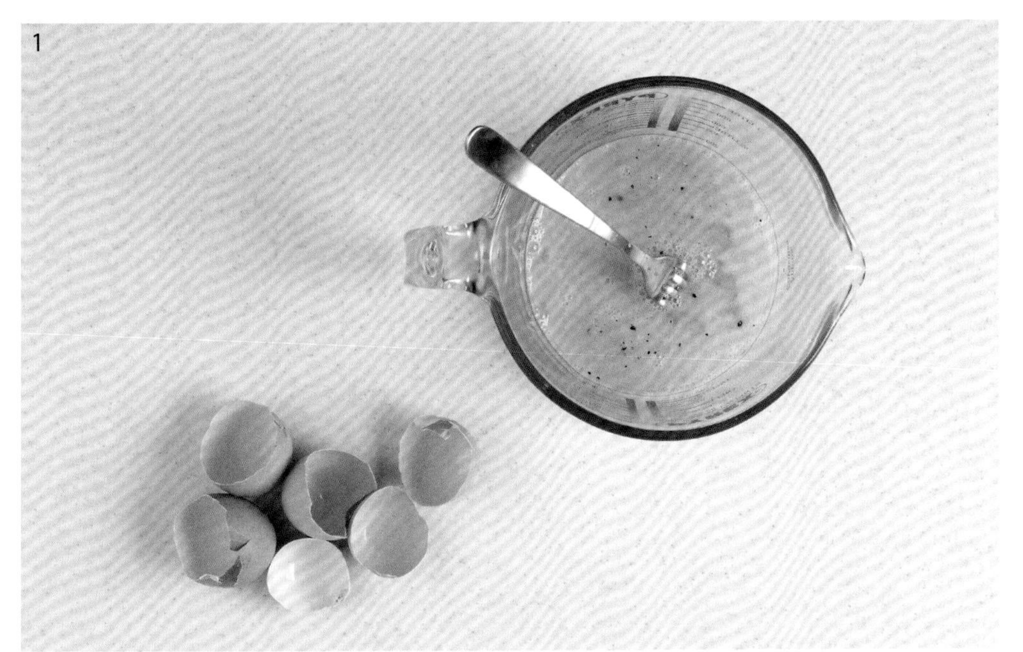

1

2

1

将烤箱预热至140℃/275℉/火力1挡，并放入一个盘子预热。在碗中打入一个鸡蛋。用餐叉打散，蛋黄和蛋白微微混合就停止，不需要搅打成黄色的蛋液。加入盐和胡椒调味。

2

将葱细细切碎，或用剪刀剪碎。放入蛋液中搅拌。

3

炉灶调至高火力，放上一个小号不粘锅。锅里放入黄油，待黄油冒泡之后，转动锅，使油均匀覆盖锅底。

4

倒入蛋液，定时1分钟。鸡蛋入油后立即开始凝固，并发出嗞嗞的响声。用餐叉轻缓地转动鸡蛋。此时蛋液表层仍是液态的，但下层的蛋液会开始凝固成形。

5

继续轻轻转动鸡蛋，直至大部分都凝固，表面只剩少许蛋液。平底锅离火。为了使蛋饼口感柔滑，在这一步一定不要煎得过熟。

6

将煎锅端到温热的盘子上方。晃动平底锅，将一半蛋饼滑到碟子中，借助煎锅或煎铲将蛋饼叠成半月形。

7

立即上桌食用。

蘑菇煎蛋

将一些蘑菇细细切片，热平底锅中加入少量黄油，蘑菇下锅煎5分钟，直至变软。加盐和胡椒调味，置于一旁待用。按照上面的步骤制作煎蛋饼，装盘时将蘑菇舀到蛋饼上面，再将蛋饼对折。

火腿奶酪煎蛋

将一片火腿切成小片，并将25克格鲁耶尔或切达奶酪磨碎，与火腿一同撒到蛋饼上面，然后对折。

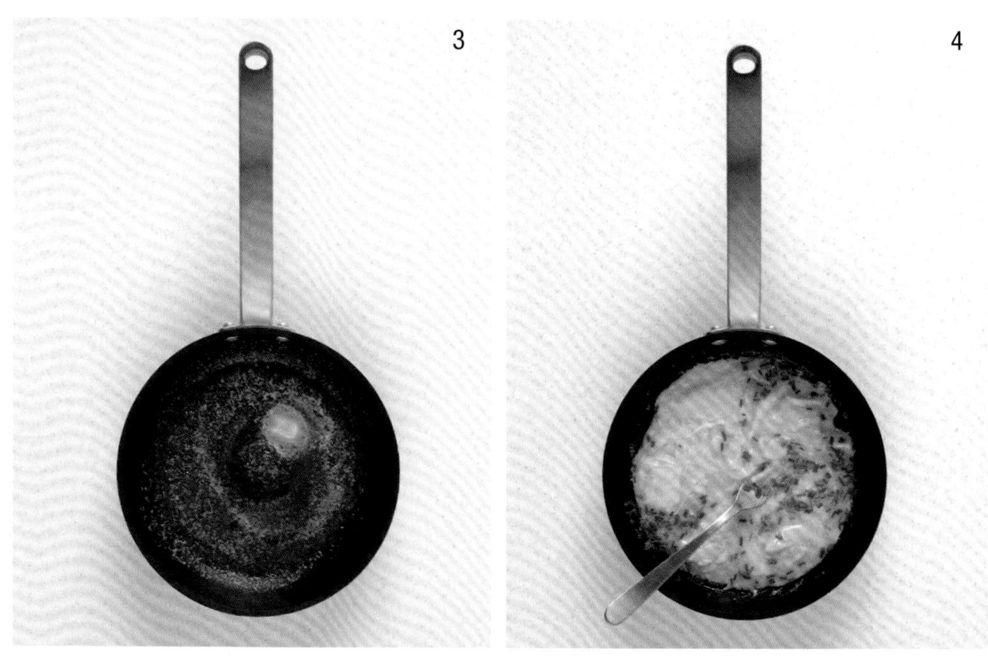

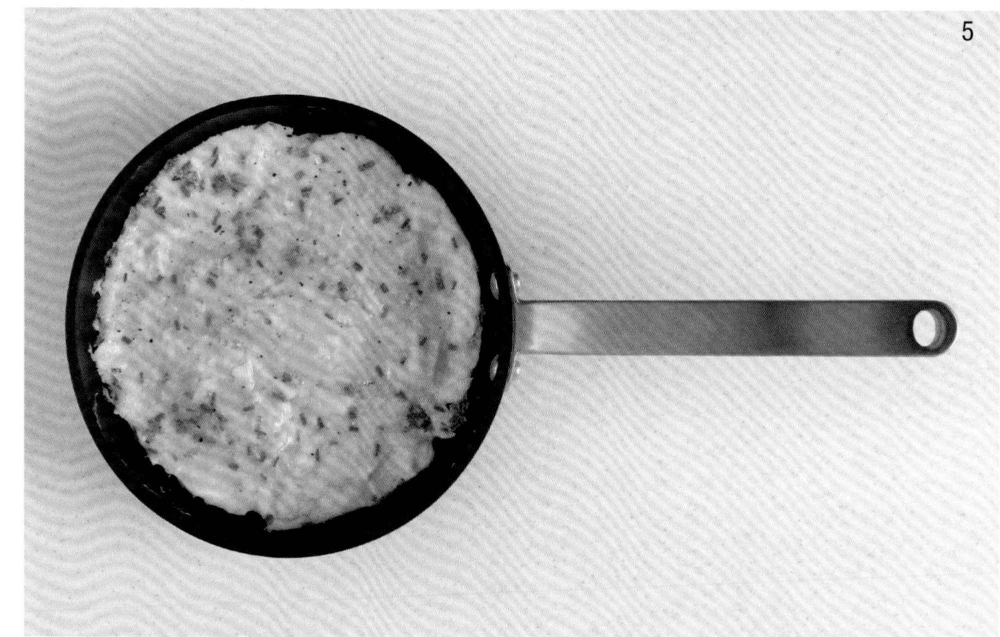

7

鸡蛋玉米墨西哥烤饼
Chicken & Corn Quesadillas

准备时间：10分钟
烹饪时间：大约25分钟
4人份

掌握了墨西哥玉米饼的基本做法之后，你就所向无敌了——只要能与奶酪搭配，任何馅料都能夹进饼里去。

350克煮好的鸡肉或剩鸡肉

2罐198克左右的甜玉米粒罐头，滤干水分

4根葱

3汤匙罐头装墨西哥绿辣椒片（jalapeño）

1小把新鲜芫荽

100克浓味切达奶酪

3个成熟的番茄

6张墨西哥玉米饼

盐和胡椒

1

去掉鸡肉上的鸡皮，用手将鸡肉撕成鸡丝，或用刀切成小块。放入碗中，撒入甜玉米粒。葱切细，辣椒和大部分芫荽粗粗切碎，加入碗中搅拌。放盐和胡椒调味。

2

奶酪磨碎，番茄切片。在工作台上放一张面饼，其中一半铺上奶酪，放一些鸡肉馅料和几片番茄，再撒一些奶酪，然后将面饼对折，做成半圆形。置于一旁，用同样的方法处理剩下的饼和馅料。

3

将烤箱预热至140℃/275℉/火力1挡，以保持烤饼温热。中火加热大号煎锅。将饼放入煎锅中，煎2分钟，直至底面变黄变脆。用锅铲翻面，另一面也煎2分钟，直至奶酪熔化，烤饼通体松脆。盛入烤盘中，放到烤箱中保温，同时制作剩下的烤饼。

4

将每一个烤饼切成3个三角形，叠放入盘中，撒上剩余的芫荽，立即上桌食用。

尼斯风味金枪鱼沙拉
Tuna Salad Niçoise

准备时间：10分钟
烹饪时间：20分钟
2人份，作为主菜（可依就餐人数加倍）

一道恰到好处的金枪鱼沙拉绝不仅仅是一道沙拉，而是一道色彩鲜艳、充分满足味蕾，洋溢着浓郁的法国南部经典风味的当家菜。在这类食物中，食材的质量至关重要。如果你将每一步都做到位了，这道食物将成为你不断重做的拿手好菜。

1茶匙片状海盐
300克新土豆，鸡蛋大小
2个中等大小的鸡蛋，室温
100克青刀豆（Green bean）
1瓣蒜头
1罐160克左右的油浸金枪鱼
1汤匙红酒醋
半个红皮洋葱
100克小番茄
4片罐装油浸凤尾鱼片，控干油
50克去核黑橄榄
盐和胡椒

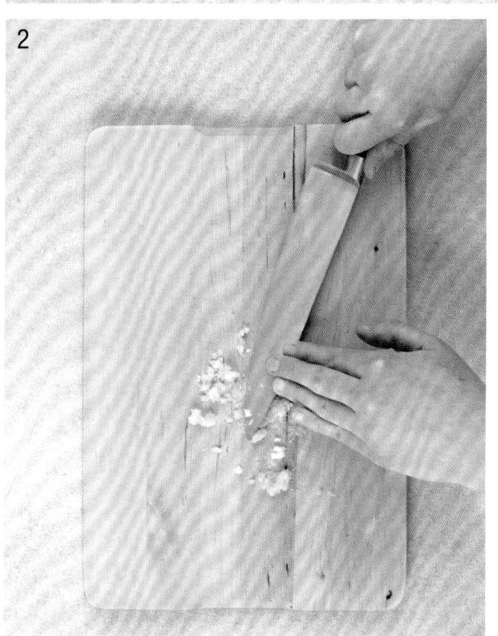

1

在一个中号平底锅加满水，加入1茶匙盐，煮沸。加入土豆煮20分钟，直至土豆变软。还剩7分钟的时候加入鸡蛋一起煮。去掉青刀豆的茎叶，在还剩5分钟的时候，放入平底锅中。

2

煮的同时制作浇头。首先将蒜切片，细细剁碎。撒上少许海盐，然后用刀背将蒜和盐一同压碎，做成蒜泥。每次压少许，直至所有的蒜都被压碎。

有压蒜器?

用压蒜器压蒜泥操作起来可能更简单，不过，用刀背压蒜可以使蒜的香味更大程度地释放出来。

3

从金枪鱼罐头中滤出3汤匙油，放到一个小碗中。加入醋和蒜，搅拌，放盐和胡椒调味。

4

在滤锅中将鸡蛋、土豆和青刀豆滤干水分。用冷水冲洗1分钟，然后置于一旁。

5

将洋葱切成半月形片状，土豆和番茄对半切开。放入一个大碗中，加入青刀豆和橄榄。

6

鸡蛋剥壳。在工作台上轻轻敲破鸡蛋皮。将蛋壳从蛋白上剥除。如果不好剥的话，可以尝试用冷水冲洗。将鸡蛋纵向对半切开。切面上撒盐和胡椒。

7

凤尾鱼纵向切片。将大部分调味汁同蔬菜搅拌混合。

8

将沙拉舀到盘子中。每盘沙拉上面放两瓣对半切开的鸡蛋，一些金枪鱼以及一些凤尾鱼片。均匀浇入剩下的调味汁，然后上桌。

购物小贴士

如果使用盐渍凤尾鱼，使用前用大量水冲洗，用来代替油浸凤尾鱼。调味汁中的盐也要减量。

一般来说，这道菜会使用尼斯黑橄榄（Niçoise olives），个头较小，微酸。用卡拉马塔橄榄（Kalamata）替代也是非常不错的选择。

新土豆（有时也被叫作沙拉土豆）煮熟后质地柔滑而密实。其他不错的选择还有夏洛特土豆（Charlotte）和尼克拉土豆（Nicola）。新土豆煮熟后，用刀子可以轻松切开。

5

6

7

培根生菜番茄三明治
BLT Sandwich

准备时间：5分钟
烹饪时间：15分钟
2人份（可依就餐人数减半）

一个美味的培根生菜番茄三明治的诱惑无人可挡：新鲜沙拉、焦香的培根和烤面包片的组合，足以让每个人都食欲大开。这道食谱中的蛋黄酱加入了少许芥末酱和蜂蜜，更好地衬托出培根的浓郁风味。可以依个人口味换用瘦培根。

4片上好的脆皮面包
6片干腌烟熏五花培根
2汤匙蛋黄酱
1茶匙有籽芥末酱
半茶匙液状蜂蜜
2个成熟的番茄
半个小生菜，例如圆生菜，洗净并晾干（见第70页）
黄油，用于涂抹面包
盐和胡椒

1

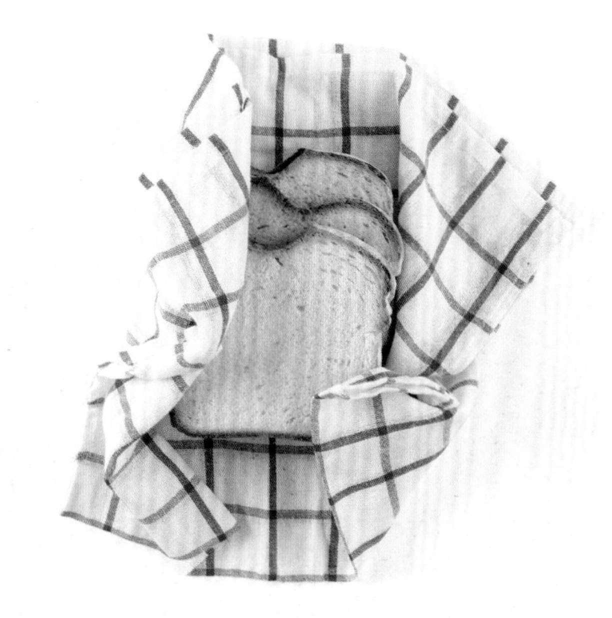

2

3

1

烤架中火预热，将面包双面都稍微烤一下。总用时5分钟左右。烤好后保温（用干净的茶巾包好效果较好）。

2

培根烤10分钟，翻一次面，直至肥肉部分变脆，呈金黄色。

3

与此同时，将蛋黄酱、芥末和蜂蜜混合到一起。番茄切薄片。

4

烤面包片上涂抹少许黄油，再涂上芥末蜂蜜蛋黄酱。每片上面放少许生菜叶。

5

将番茄片均匀铺在生菜叶上，加盐和胡椒调味，再放上培根。

6

培根上放一些生菜叶，盖一片面包，做成三明治。

7

用锋利的刀将三明治对半切开，立即上桌食用。

4

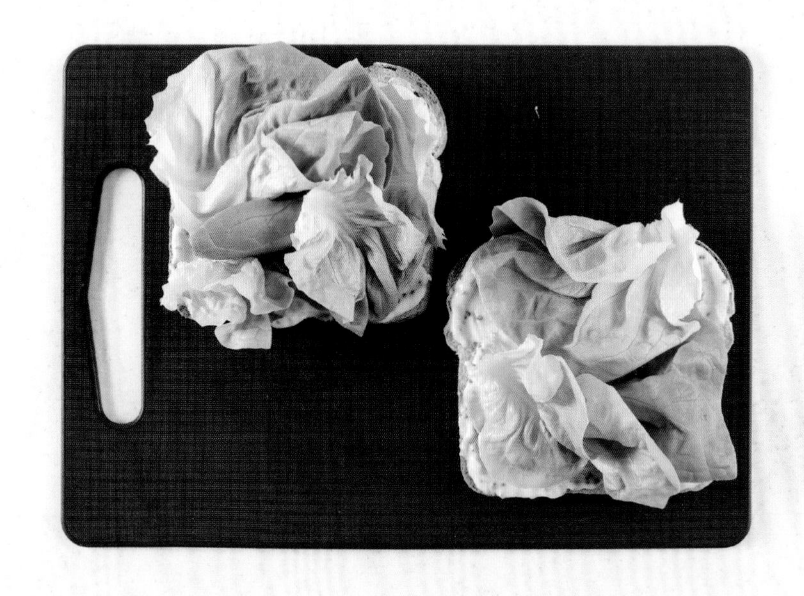

5

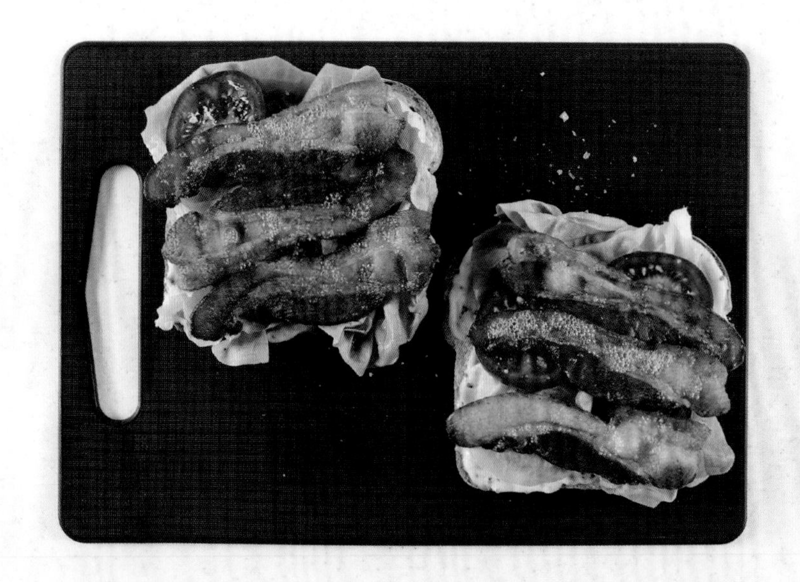

6

蔬菜辣汤
Spicy Vegetable Soup

准备时间：20分钟
烹饪时间：20分钟
4人份，会有少量剩余

这道口味微辣的暖身汤实惠而美味，在寒冷的夜晚挑动着人的味蕾。这道汤放置一段时间后会变稠，因此如果需要重新加热，可以加少许水或汤汁。

2茶匙小茴香籽
¼茶匙干辣椒片
2个洋葱
3瓣蒜
1块拇指大小的鲜姜
2汤匙淡橄榄油
1千克番薯
1罐400克左右的鹰嘴豆，滤干水分
850毫升鸡汤或蔬菜汤
100克嫩菠菜叶
盐和胡椒
1汤匙特级初榨橄榄油，用于上桌时使用
4汤匙或更多浓稠酸奶，用于搭配食用

1

炉灶调至中火，加热一个大号炖锅。锅中加入茴香籽和辣椒片，炒制1分钟，直至食材开始翻跳，散发出焦香的味道。将其中一半舀出来，置于一旁。将锅离火，开始准备蔬菜。

2

洋葱粗粗切碎，大蒜压碎，姜细细磨碎。在平底锅中稍微加热橄榄油，然后加入洋葱、姜和大蒜，小火炒5分钟，直至洋葱开始变软。

姜去皮

姜如果要磨碎，就没有必要去皮。磨好后，将磨碎的外皮和纤维部分扔掉即可。

3

炒制的同时，将番薯去皮，粗粗切块。

4

锅中放入番薯、鹰嘴豆和汤，盖上锅盖，小火煮15分钟，直至土豆变得绵软。

5

用捣碎器将大部分土豆捣成土豆泥，使汤汁变得浓稠。加盐和胡椒，然后将菠菜粗粗切碎，放入锅中搅拌。几秒钟之后，菠菜就会缩水。

6

盛到碗中，上面舀入一勺酸奶，撒入少许之前预留的混合香料，滴入少许橄榄油。

用南瓜制作

冬南瓜（Butternut squash，亦称老南瓜）或小南瓜都非常适合用来制作这道汤，但可能准备时间会稍长。可以买切好块的南瓜，或留出10分钟或更多时间来给南瓜削皮，去子。

4

5

SIMPLE
简便晚餐

SUPPERS

南瓜菠菜咖喱
Butternut Curry with Spinach & Cashews

准备时间：25分钟
烹饪时间：35分钟
4人份（可依就餐人数减半）

色彩鲜艳，气味芳香，口感丰富，这道菜证明了不用肉也能做出一道美味的咖喱。豆类和干果为蔬菜和香料的大杂烩增加了蛋白质，让这道菜成为一道健康且营养均衡的大菜。作为配菜与羊肉咖喱（见第238页）搭配也是上佳的选择。

1千克冬南瓜（亦称老南瓜）或小南瓜
1个洋葱
4汤匙菜油或葵花籽油
1汤匙黄油
2瓣大蒜头
1块拇指大小的鲜姜
1个小号的绿辣椒（见第105页“小贴士”）
1茶匙姜黄粉
1茶匙小茴香籽
1茶匙芫荽粉
2根肉桂棒
1汤匙干咖喱叶（可选）
100克红扁豆（red lentil）
3个或4个熟番茄
1罐400克左右的鹰嘴豆，滤干水分
100克腰果
2大把嫩菠菜叶
盐和胡椒
恰巴提（chapattis，印度薄面饼），印度烤馕或米饭（见第145页），用于搭配食用（可选）
印度酸辣酱（chutney），搭配食用（可选）

1

2

3

1

用锋利的削皮器或刀将南瓜去皮。南瓜皮又厚又硬，削的时候要非常小心。将南瓜切成4块。用勺子挖出其中的子。将瓜肉切成3厘米左右的大块。

2

洋葱对半切开，然后切片。炉灶调至中火，放上一个大煎锅或炒锅。放入油和黄油，半分钟之后加入南瓜和洋葱，然后放盐和胡椒调味。炒5分钟，期间不断翻炒，直至蔬菜开始变软。

3

炒蔬菜的过程中，将蒜切成薄片，姜磨碎。辣椒撕开，带茎的一头不要撕断。如果用大一些的，辣度较低的辣椒，可以先去籽再细细切碎，然后加入锅中。

如何判断辣椒的辣度?

比较粗胖的辣椒一般不太辣。小辣椒，不论是手指长短的薄皮辣椒，还是小而短粗的辣椒，通常都比较辣。在做这道菜时，较辣的辣椒只需要撕开，不用切碎。如果想给食物增添少许辣椒的辣味，这是一种好方法，不需要切碎或去籽。辣椒品种繁多，辣度各不相同。因此，在切碎之前，可以从辣椒底部切下一小片，用手指触摸一下切面，然后用舌头舔一下手指。如果辣的程度超过你的预期，就少加一点儿，如果不太辣，就多加一些，或者把辣椒籽也加进去。

4

烧一壶开水。将大蒜、姜、辣椒、香料和咖喱叶（如果使用）加入锅中，拌炒2分钟，直至炒出香味，蔬菜上裹满香料。

5

加入红扁豆，倒入400毫升开水。搅拌均匀，盖上锅盖，小火慢炖10分钟，中间搅拌几次。

6

将烤箱预热至180℃/350℉/火力4挡。将番茄切大块，同鹰嘴豆一同放入锅中搅拌，再次盖上锅盖，煮10分钟，期间再搅拌一到两次。红扁豆应该变大，变软。可以试着在锅边上按压一颗红扁豆，如果可以轻松压碎，就说明炖好了。放盐和胡椒调味。

7

接下来烤坚果。将坚果铺在烤盘中，在烤箱中烤5分钟，直至其变成金黄色。

8

最后一步是加入菠菜叶搅拌，在表面撒上坚果。菠菜会在咖喱汤的热气熏烫之下变软。搭配恰巴提，印度烤馕或米饭食用，喜欢印度酸辣酱（chutney）的话，也可以加一些。

4

5

6

7

奶酪汉堡
Cheeseburgers

准备时间：20分钟
烹饪时间：11—15分钟
可以制作4个汉堡（可依就餐人数减半）

只要用质量上乘的牛肉来做，就一定能做出美味的汉堡来。以下罗列的配料只是建议，而非准则——蓝纹奶酪、烤培根、蛋黄酱、洋葱番茄辣酱，以及你喜欢的任何食材都可以加进来。用烤薯角（见第312页）来搭配也非常棒。

1个洋葱
5根腌小黄瓜（或1根大的）
500克质量上乘的牛绞肉
1茶匙第戎芥末酱
1个鸡蛋
½茶匙片状海盐
¼茶匙胡椒
2个大番茄
1个红洋葱
半棵圆生菜
4个大号汉堡面包
4片奶酪，融化以后使用[可以尝试高德奶酪（Gouda），哈瓦蒂干酪（Havarti）或格鲁耶尔奶酪（Gruyère）]

1

2

3

1

将烤架预热至高温。洋葱和腌小黄瓜切碎，然后放到一个大号的搅拌碗中。加入牛绞肉、芥末酱、鸡蛋、盐和胡椒。

选择碎牛肉

为了做出浓郁多汁的汉堡，建议选购脂肪含量为20%左右的牛绞肉。相比煎制，用烤制的方法制作汉堡排可以去除大部分的脂肪，肉排仍能保持湿润多汁。脂肪含量更低的牛肉更健康，但制作出的汉堡排口感较干。要尽量购买质量好的牛绞肉——便宜的牛肉会含有更多的水分，烹饪的时候会收缩许多。

2

将所有食材充分搅拌均匀。用手是最简单的方法，虽然看起来不太雅观。

3

把馅料在碗里粗略分成四份。将手用水润湿（捏肉饼时防止粘手），然后将馅料团成4个大肉丸再压扁，制成厚约2厘米、直径约10厘米的肉饼。放到盘子里或砧板上。

4

将牛肉饼放到烤架上，烤10分钟，5分钟后翻面，直至两面均呈深金棕色。此时肉饼中央还是微红多汁的状态。如果喜欢吃全熟的汉堡排，每一面再多烤2分钟。

5

烤汉堡排的同时，番茄和红洋葱切片，生菜叶洗净，择成一片片的（见第70页）。将汉堡面包横向剖开。

6

肉饼烤好之后，将其移到烤架一侧。将面包放到肉饼旁边，切面朝上。每片面包上放1片奶酪。放到烤架上烤半分钟到1分钟，直至奶酪开始熔化，面包烤得微焦。

7

在底部的面包片上放少许生菜叶和番茄，再放牛肉饼，最后放上少许洋葱圈。立即上桌食用。

提前制作

可以提前一天将牛肉饼制作到步骤3，不要烤，用保鲜膜包好放入冰箱冷冻保存。也可以将生牛肉饼用烘焙纸隔开，放入冰箱冷冻，可以保存1个月。

4

5

6

小炒鸡
Chicken Stir-Fry

准备时间：15分钟
烹饪时间：10分钟
4人份（可依就餐人数减半）

爆炒有一定技术难度，不过这道基础菜谱是练手的好选择。脆口的蔬菜和柔软的鸡肉，做好用不了30分钟——比点菜还快！搭配普通的米饭（见第145页）就好。

2茶匙玉米淀粉
4汤匙酱油
4块去骨去皮鸡胸肉
1个红辣椒
1个黄辣椒
1把葱
1块拇指大小的鲜姜
2瓣蒜
2个酸橙
4汤匙液状蜂蜜
2汤匙植物油或葵花籽油
200克甜豌豆或嫩豌豆
½茶匙碎辣椒
1汤匙干雪莉酒或黄酒

1

在一个中号碗中将1茶匙玉米淀粉和1茶匙酱油搅拌均匀。将鸡肉切成手指粗的条状，然后加入玉米淀粉搅拌均匀。放置10分钟，在此期间准备蔬菜。用玉米淀粉腌制鸡肉，可以使其口感变软。

2

辣椒对半剖开，去籽，切成1厘米厚的辣椒片。葱细细切碎。姜磨碎，蒜切成薄片或蒜末。

3

制作调味汁。酸橙榨汁，放入碗中。加入之前混合好的玉米淀粉酱油汁，再加入蜂蜜。

4

炉灶调至高火，放上一个大号煎锅或炒锅，然后加入一半的油。放入鸡肉，1分钟以后开始搅拌。不断翻炒3分钟左右，直至鸡肉边缘变得金黄。将鸡肉盛到盘中。用厨房纸将锅仔细擦干净。

5

锅中加入1汤匙油，然后放入辣椒。炒1分钟，再放入豆子，炒1分钟，期间一直翻炒，直至辣椒变软。然后加入蒜、姜、辣椒片和一半的葱。再翻炒约1分钟。

6

此时加入雪莉酒或黄酒——加入酒时会发出嗞嗞的声响，酒精会迅速蒸发——然后将鸡肉倒回锅中，倒入预先调好的酱油、酸橙汁和蜂蜜的混合物，煮至沸腾。将所有食材一同炒1分钟，直至鸡肉炒透，酱汁变得浓稠。撒入剩下的葱碎。

7

搭配米饭上桌。

小炒技巧

虽然名为小炒，但炒的时候应控制翻炒的频率，给食物留出熟成的时间，否则食材会因过度翻炒熟得更慢。将所有蔬菜切成同样大小，这样能熟得比较均匀，先放比较耐煮的蔬菜，然后再放易熟的。炒锅尽量选大一些的，食材不要放得太满，炒制时用大火。最好先将肉炒熟后盛出来，待蔬菜炒熟后再放回锅中——这样能防止火候过大，肉质变干。

4

5

6

蘑菇烩饭
Mushroom Risotto

准备时间：25分钟
烹饪时间：20分钟
4人份

烩饭几乎是既省力又讨巧的美味，简单而又丰盛。而且除了蘑菇，所有的食材都可以使用家里的存货。如果能在市场上买到野生蘑菇，将多种蘑菇混合起来使用也不错。

30克干牛肝菌

1个洋葱

2瓣蒜

1汤匙淡橄榄油

80克黄油

1.2升鸡汤

350克烩饭米，最好是卡纳罗利米（Carnaroli，见第118页）

100毫升干红酒

50克帕玛森奶酪

250克蘑菇，可以选你喜欢的任何品种，如栗蘑，各种野生蘑菇，也可以混合使用

盐和胡椒

1

烧一壶开水，向大碗或量杯中倒入150毫升。放入干牛肝菌，浸入水中。放置15分钟，蘑菇会开始泡发。

牛肝菌是什么？

牛肝菌一种香气非常浓的蘑菇，经常用于意大利烹饪中。新鲜的牛肝菌季节性非常强，而且非常昂贵。干牛肝菌要更实惠一些，而且有着一样浓郁的香气。干牛肝菌使用前必须水发，泡发后的水可以用在调味汁、意大利面和其他肉菜中，增添香气。将多种野生干蘑菇混合使用也是非常好的选择。

2

在此期间，将洋葱细细切碎，蒜压碎。用小火加热煎锅或浅砂锅，然后加入橄榄油和50克黄油。加入洋葱和蒜，慢火炒10分钟，不时搅拌，直至洋葱变软，变得半透明。

3

用手将泡发的蘑菇从水中捞出来，放到砧板上。将泡发蘑菇的水倒入另一个锅中，小心碗底的沙粒。将鸡汤倒入平底锅中，用中火慢慢炖开。

4

将泡发后的蘑菇粗粗切块，与洋葱一同放入锅中。加入大米搅拌均匀。煮2分钟，期间不断搅拌，直至米粒均匀沾上黄油，变得微微透明。倒入红酒，煮至冒泡，同时大部分红酒都蒸发掉。这个过程会很快。

5

锅中加入一勺泡发蘑菇的水，搅拌，使米粒充分吸收水分。火力不要太高，否则汤汁会迅速煮沸并蒸发，无法被米粒所吸收。

6

继续一点儿一点儿添加鸡汤，期间不断搅拌，直至米粒胀大，变软，裹满浓郁的汤汁。此时尝一下米饭——米粒应很柔软，中间没有硬心。不要着急，整个过程应该会需要20多分钟。

7

所有鸡汤都添加进去之后，将平底锅离火。将奶酪磨碎，其中一半加入米饭中搅拌均匀。另一半撒到米饭上。

8

盖上锅盖，放置5分钟。在此期间，将新鲜的蘑菇切厚片。在另一个煎锅中用高火熔化剩下的黄油，放入蘑菇，煎2—3分钟，期间不断翻动，直至蘑菇呈金黄色。

9

将烩饭盛到浅碗中，上面放一勺热气腾腾的煎蘑菇，再撒少许剩下的帕玛森奶酪。

烩饭米

烩饭米主要有三种，都是小而圆的颗粒：阿皮罗米（Arborio）、卡纳罗利米（Carnaroli）和维阿龙米（Vialone Nano）。对于烹饪新手来说，卡纳罗利米是不错的选择。阿皮罗米是最常见的，但很容易煮过头。维阿龙米比较耐煮，但很难买到。

5

6

7

8

9

西班牙辣香肠鸡肉煲
Chicken & Chorizo Casserole

准备时间：15分钟
烹饪时间：35分钟
4人份（可依就餐人数减半）

这道营养丰盛的“一锅煮”炖菜很适合寒冷的冬季，窝在家里享用。可以用家中的罐装豆子代替鹰嘴豆。

500克无骨去皮鸡腿肉
150克西班牙辣香肠（chorizo）
1汤匙淡橄榄油
1个洋葱
2瓣蒜
1个红辣椒
1茶匙肉桂粉
2茶匙烟熏甜辣椒
1茶匙干百里香
3汤匙干雪莉酒或白葡萄酒
1罐400克左右的番茄碎
200毫升鸡汤
1罐400克左右的鹰嘴豆，滤干水分
1小把新鲜平叶欧芹
1汤匙特级初榨橄榄油，用于上桌时搭配使用（可选）
盐和胡椒
脆皮面包，用于搭配食用（可选）

1

将鸡肉切成一口大小的块状，香肠切薄片。炉灶调至中到大火，上面放入一个大号的厚底煎锅或耐火浅砂锅，然后倒入橄榄油。加热半分钟，放入香肠。煎3分钟，不时翻炒，直至香肠片开始变卷，并释出一些红油。

西班牙辣香肠

这是一种用红辣椒和大蒜调味的西班牙辣味香肠。有两种类型：烹饪用辣肠质地较柔软，类似于常见的香肠，另一种是熏制肠，质地干硬，同意大利蒜香肠一样可以直接食用。两种辣香肠都可以用于这道食谱，但如果可以选择，最好还是选用烹饪用辣肠。

2

将辣肠从锅中盛出来，置于一旁。将鸡肉加入锅中，放盐和胡椒调味，然后炒5分钟，期间不时翻动，直至鸡肉变得金黄。

3

炒鸡肉的同时，开始准备蔬菜。洋葱和大蒜切薄片，红辣椒去籽，切成粗条。然后放入锅中，调低火力。小火炒10分钟，直至洋葱、辣椒和大蒜变软，炒的时候每隔几分钟搅动一次。

4

将肉桂、红辣椒和欧芹放入锅中，拌炒1分钟，直至散发出香味。

5

将火力调至中火。洒入雪莉酒或白葡萄酒——酒入锅后会嗞嗞作响，并渐渐蒸发干净——然后放入番茄和汤。搅拌均匀后小火慢炖15分钟，无须盖锅盖，直至汤汁变得稍微浓稠，鸡肉变软。

6

将鹰嘴豆和香肠加入锅中，充分搅拌，然后小火慢炖2分钟以上，直至加热充分。

7

欧芹叶粗粗切碎，放入锅中搅拌，加盐和胡椒调味。如果使用橄榄油，此时将剩下的橄榄油淋在上面。搭配脆皮面包上桌食用。

4

5

6

7

香酥鱼柳佐塔塔酱
Breadcrumbed Fish & Tartare Sauce

准备时间：20分钟
烹饪时间：12—15分钟
4人份（可依就餐人数减半）

自制鱼柳比市售的冷冻鱼柳或鱼排要鲜美得多，而且也不需要油炸。调味酱也有很多花样，在一些更特别的场合，可以将一半的蛋黄酱替换为鲜奶油（crème fraîche，脂肪含量为30%—36%）——如果是给孩子食用，可以直接搭配番茄酱。

4片厚的白面包片（隔天的面包片最好），总重量约200克

1把新鲜的平叶欧芹

2汤匙淡橄榄油

50克帕玛森奶酪

1个无蜡柠檬

800克厚切的白色鱼排，例如鳕鱼（cod）、黑线鳕（haddock）、青鳕（pollack）和牙鳕（whiting）

3汤匙普通面粉

1个大号鸡蛋

2茶匙刺山柑（Capers，亦称水瓜榴）

5根腌小黄瓜

100克优质蛋黄酱

盐和胡椒

生菜叶或豆子，用于上桌时搭配使用

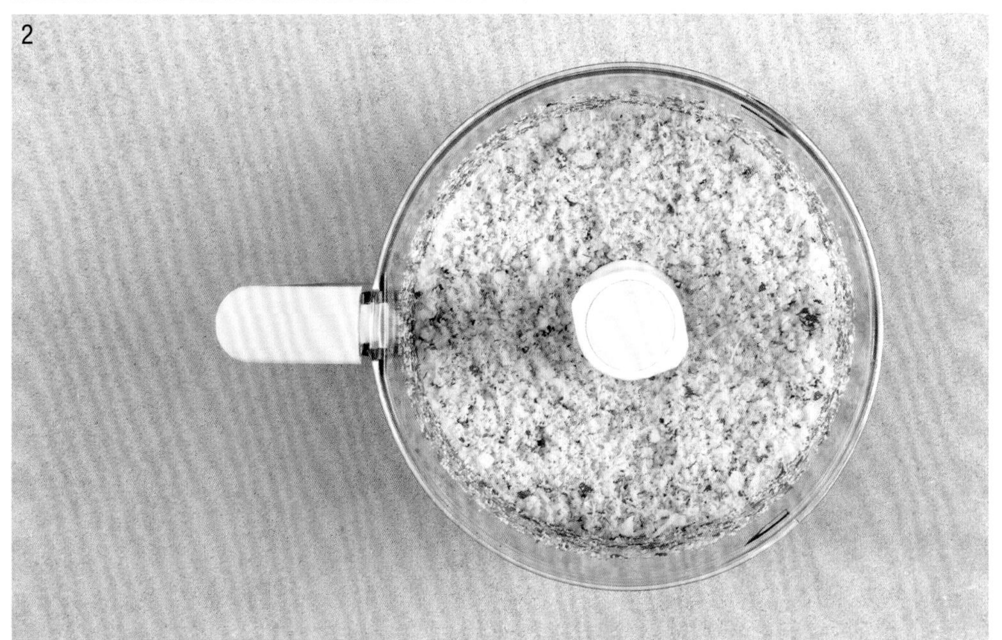

1

将烤箱预热至220℃/425℉/火力7挡。面包边切掉不用。将面包同一半欧芹（连同茎叶）以及全部橄榄油一同放入食物处理机中。

2

将上述食材搅拌均匀，制成油性香料面包屑。帕玛森奶酪和柠檬皮磨成细屑，同盐和胡椒一起放入面包屑中搅拌，盛入碗中。

制作下次使用的面包屑

如果你有很多剩面包，可以多做一些面包屑料，并将其中一半冷冻起来。使用的时候，提前一夜解冻，并按照上面的方法使用。

3

将鱼肉切成厚厚的鱼柳，约3厘米×3厘米×10厘米大小。

4

将面粉放入一个盘子中，多放一些盐和胡椒调味。鸡蛋打入碗中，加入盐和胡椒，用餐叉搅拌均匀。鱼柳先沾满面粉，再蘸蛋液。沥干鱼柳上多余的蛋液，然后放入面包屑中滚动，轻拍，让鱼柳表面均匀沾满面包屑。

5

将处理好的鱼柳放到不粘烤盘中，剩下的鱼柳按照同样的方法处理。期间要不断地洗手，擦干，因为手上会变得很黏。

6

鱼柳入烤箱烤12—15分钟，直至表面变焦脆，呈金黄色。烤的同时制作塔塔酱。将柠檬对半切开，一半榨汁，另一半切成小瓣。将剩下的欧芹叶、刺山柑和小黄瓜细细切碎，放入碗中。加入蛋黄酱和1汤匙柠檬汁，再加入盐和胡椒调味。

7

炸好的鱼柳搭配塔塔酱、柠檬瓣、一些生菜叶以及刚煮熟的豆子上桌食用。

选购鱼肉

鱼排是否新鲜很难判断，密封包装的鱼排更是如此。因此最好从鱼贩或水产店购买。新鲜的鱼表面应有光泽，暗淡或发干就代表不新鲜。按压时肉质应紧实有弹性（不要不敢去压），闻起来有微微的海水味道。散发浓重腥气的鱼不要买。

4

5

6

奶酪通心粉
Macaroni Cheese

准备时间：25分钟
烹饪时间：30分钟
4人份（可依就餐人数减半）

奶酪通心粉简单实惠，填饱肚子的同时还能抚慰心灵，因此成为家庭料理的首选。铺在通心粉上的烤番茄时不时让味蕾感受到一丝新鲜的快意。

1个洋葱
1片月桂叶
700毫升牛奶
1茶匙片状海盐
350克通心粉，或其他管状通心粉
50克黄油
50克面粉
200克成熟切达奶酪（Cheddar）
50克帕玛森奶酪（Parmesan）
2茶匙第戎芥末酱
1颗完整肉豆蔻，用于磨碎使用（可选）
4个成熟番茄
盐和胡椒

1

煮沸一锅水，用于煮通心粉。加热的同时开始准备调味酱。将洋葱切成几瓣，同月桂叶和牛奶一起放入另一只锅中。中火煮沸牛奶，牛奶表面开始冒小泡时关火。静置10分钟让牛奶入味（时间允许的话，可以浸泡更久），这样奶酪酱的味道会更浓郁。

2

在煮通心粉的水中放入盐，再缓缓放入通心粉。重新加热至沸腾，搅动一次，然后煮8分钟。保留一杯煮通心粉的水，然后用滤锅将通心粉滤干水分，此时通心粉并未完全煮透。

3

牛奶浸泡入味后，用漏勺将洋葱和月桂叶捞出来。加入黄油，并筛入面粉。

4

将锅放到中火上加热。用打蛋器搅拌5分钟左右，直至酱汁开始沸腾，变得光滑而浓稠。与此同时，将烤箱预热至180℃/350℉/火力4挡。切达奶酪和帕玛森奶酪磨成碎屑。

5

将芥末酱、¼茶匙磨碎的肉豆蔻（如果使用的话）和⅔的切达奶酪和帕玛森奶酪碎屑放入调味酱中搅拌。加盐和胡椒调味。此时如果发现通心粉有些粘连，在滤锅中倒入之前保留的煮面水，然后搅拌使其松散开来。将通心粉滑入烤盘，倒入酱汁并充分搅拌。

6

顶部撒上剩下的奶酪，将番茄切成小片，铺在最上层。撒上盐和胡椒调味。

7

放入烤箱中烤30分钟，直至通心粉表面呈金黄色，并开始冒泡。出炉后立即上桌食用。

提前制作

可以提前两天制作奶酪酱，完成后表面盖一层保鲜膜，放入冰箱冷藏。使用时用小火重新加热，再倒在刚煮好的通心粉上，按照上面的步骤完全制作。如果提前混入通心粉，通心粉会吸收过多的酱汁，做好后会有些干。

4

5

6

7

羊排搭配番茄薄荷沙拉
Lamb Chops with Tomato & Mint Salad

准备时间：20分钟，腌制时间另计（可选）
烹饪时间：8—10分钟
2人份（可依就餐人数加倍）

这道令人馋涎欲滴的菜式是一道出彩的夏日餐点，用来款待客人也绝对拿得出手。可以搭配大块的脆皮面包，蘸着汤汁食用。

1个无蜡柠檬
2汤匙特级初榨橄榄油
1茶匙糖
1汤匙刺山柑（Capers，亦称水瓜榴）
1瓣蒜
2茶匙淡橄榄油，葵花籽油或植物油
4块羊排，肉片或羊腿肉，常温
1罐400克左右的利马豆，滤干水分
半个红皮洋葱
1串小番茄
1把新鲜薄荷
盐和胡椒

1

半个柠檬榨汁，放入小碗中，然后加入特级初榨橄榄油、糖和刺山柑，搅拌均匀制成酱汁后置于一旁。

2

大蒜压碎，放到一个小碗中。柠檬皮磨成碎屑，加入大蒜中，同1茶匙淡橄榄油搅拌混合均匀。放盐和胡椒调味。将调好的酱汁涂到羊排上。静置以腌入味，腌制时间从5分钟到几个小时都可以，可根据自己的时间调整。如果提前制作，将羊肉放入冰箱冷藏。烹饪前取出回温即可。

3

中火加热煎锅。加入1茶匙淡橄榄油，等半分钟，然后加入羊肉。放入第一块羊肉后应立即开始发出嗞嗞的声响，如果没有响声，将羊肉取出来，让煎锅再多加热一会儿。羊肉煎6分钟后翻面，煎至四分熟（中间呈粉红色且多汁）。如果喜欢更熟一些的，可以多煎2分钟。

4

将肉盛到一个温热的盘子中，用锡纸松松盖上，放置几分钟，期间开始准备沙拉。平底锅置于一旁待用。制作沙拉时，先将豆子放到一个大碗中。洋葱切薄片，小番茄对半切开。择下薄荷叶，撕碎放入碗中。将洋葱、小番茄一同放入碗中与薄荷搅拌均匀。加盐和胡椒调味。

5

平底锅重新用中火加热，放入步骤1所准备的柠檬酱汁。将调料聚拢到一起，再将煎羊排时流出来的肉汁加入锅中。

6

将沙拉舀入盘中，上面摆放羊排，再淋上柠檬刺山柑酱汁，立即上桌食用。

3

4

5

香肠土豆泥佐自制洋葱肉汁
Sausages & Mashed Potatoes with Onion Gravy

准备时间：15分钟
烹饪时间：30分钟
4人份（可依就餐人数减半）

这是一道加入了一丝现代风味的传统菜肴：最后加入的几滴香醋，丰富并提升了肉汁的口感。食用时可再搭配一勺第戎芥末酱。如果你更喜欢布丁香肠（Toad in the Hole），可以参考第138页的介绍。

1汤匙淡橄榄油
8根质量上乘的猪肉香肠
2个洋葱
25克黄油
1枝大的新鲜百里香
1千克淀粉含量高的中号面土豆
1茶匙片状海盐
半茶匙糖
1汤匙面粉
2茶匙香醋（可选）
500毫升牛肉汤
120毫升牛奶
盐和胡椒

1

将烤箱预热至180℃/350℉/火力4挡。炉灶调至小火，加热一个大号煎锅，放入油。香肠入油煎5分钟，直至通体呈棕黄色，将锅离火。将香肠移至烤盘中，入烤箱烤25分钟。

2

烤香肠的同时开始制作肉汁和土豆泥。洋葱对半切开，再切成薄片。煎锅重新用小火加热，然后在香肠汁中加入一半的黄油。黄油冒泡之后，加入洋葱和百里香叶。炒15分钟左右，用木勺不停翻动，直至洋葱变软，并开始变黄。

3

炒洋葱的时候，将土豆去皮，切成4瓣。放到一个大平底锅中，注入冷水没过土豆，放入盐，将水煮开。水沸腾之后，火力调低，小火煮15分钟，直至土豆变软。如果刀子可以轻易穿过土豆，就说明已经煮好了。土豆一定要冷水入锅，再慢慢煮至沸腾，不能直接放入沸水中煮。

4

洋葱变软后，将火力调低，放入糖，再翻炒2—3分钟，直至洋葱变得黏稠，颜色变成深棕色，闻起来甜丝丝的。

5

将面粉加入锅中，充分搅拌，直至面粉全部被洋葱吸收。再炒2分钟，直至面粉散发出焦香，搅动时勺子和平底锅之间出现沙沙的质感。

6

如果使用香醋，应于此时放入并搅拌均匀，并将牛肉汤总量的⅓加入其中。一开始可能会有结块，持续搅拌直至形成光滑而黏稠的糊状物。

7

逐渐加入剩下的汤，形成清爽滑润的肉汁。肉汁沸腾时，会变得浓稠。此时将锅离火，置于一旁。

8

检查香肠：此时应该呈深金棕色，并发出嗞嗞的声响。关掉烤箱。将土豆放入滤锅中滤干水分。在煮土豆的锅中加入剩下的黄油和牛奶，加热至牛奶开始沸腾，黄油熔化。放入土豆，然后关掉炉火。

9

用马铃薯捣碎器将土豆捣烂，如果有薯泥加工器也可以使用。一定要趁土豆仍然滚烫的时候捣烂。冷却后做出的土豆泥会发黏。放入在锅中加热的牛奶和黄油，可以进一步提升土豆泥的口感。

10

将土豆泥盛入盘中，每份上面放2根香肠。浇入洋葱肉汁，立即上桌食用。

制作布丁香肠

烤箱预热至220℃/425℉/火力7挡。在煎锅中将香肠煎至通身呈棕黄色，放到一个中号烤模或烤盘中。加入至少2汤匙油，然后将烤盘放入烤箱加热，期间开始制作约克郡布丁（Yorkshire pudding，参见第274页）。将布丁面糊倒到香肠四周，入烤箱烤30分钟，直至布丁膨发，变成金黄色。烤香肠的时候，按照上述步骤制作肉汁。烤好后，香肠切块，搭配肉汁上桌食用。

6 7

8

9

番茄酱通心粉
Penne with Tomato & Olive Sauce

准备时间：10分钟
烹饪时间：12分钟
2人份（可依就餐人数加倍）

用番茄酱做菜既方便又美味，物美价廉自不必说。番茄酱的口味也可以千变万化：第142页的“小贴士”可以给你提供一些灵感。

1茶匙片状海盐
200克通心粉
2瓣蒜
1小把新鲜罗勒
2汤匙淡橄榄油或特级初榨橄榄油
400克罐装李形番茄碎
半茶匙糖
25克帕玛森奶酪
70克去核黑橄榄（如果想自己去核，则需买100克）
盐和胡椒

1

大火烧开一大锅水。放入盐，再放入通心粉。搅拌一下，将火力稍微调低，煮10—12分钟（或参考包装袋上的说明），直至通心粉变软。

如何判断通心粉是否煮熟了?

无论什么形状的通心粉，检查是否煮熟的最好方法是用餐叉捞出少许，尝一下。煮熟的通心粉应该坚实但不难咬。

2

煮通心粉的同时制作酱汁。大蒜切薄片或压碎，将罗勒的茎部细细切碎。用小火将平底锅中的油烧热，放入大蒜和罗勒碎，慢炒3分钟，直至锅中的食材变软。

充分利用香草

在本书中，你会发现许多食谱都会使用软香草（例如罗勒、欧芹、鼠尾草）的茎和叶。在开始烹饪的时候放入切碎的香草茎，可以从一开始就为菜肴增加香味，最后再撒上一些切碎的香草叶，香气会更为浓郁。

3

炉火调至中火，将番茄倒入锅中。加糖，煮5分钟，直至酱汁变得浓稠。

4

帕玛森奶酪磨细碎。保留几片罗勒叶，剩下的粗粗撕碎，放入酱汁中搅拌均匀。橄榄粗粗切碎，与一半的奶酪一起放入酱汁中，搅拌均匀。加盐和胡椒调味。

橄榄去核

给整橄榄去核，首先用刀面将每个橄榄压扁。取出核，然后将橄榄肉切碎即可。

5

通心粉煮好之后，迅速放入滤锅中控干水分，煮通心粉的水保留一杯待用。

6

将通心粉和2汤匙煮通心粉的水放入酱汁中搅拌。必要的话，可以多加一些水。

7

将通心粉舀到碟子或碗中，撒入剩下的奶酪和罗勒叶，然后立即上桌食用。

变化形式

喜欢辣味通心粉的话，可以在大蒜快炒软的时候往锅中加入一撮干辣椒片，也可将罗勒换成平叶欧芹，用大蒜煎2片凤尾鱼，还可以加几勺马斯卡彭奶酪、奶油奶酪或鲜奶油，使其变得更浓稠。如果要搭配鱼或鸡肉，在酱汁中直接加入大块的白鱼片或鸡胸肉。鱼肉需要炒10分钟左右，鸡胸肉需要炒15—20分钟。

4

5

6

7

蒜香三文鱼，配蔬菜和米饭
Salmon with Garlic, Ginger, Greens & Rice

准备时间：15分钟
烹饪时间：15分钟
2人份（可依就餐人数减半）

这是一道适合懒人的快手元气晚餐。这道食谱需要将鱼和蔬菜蒸熟，但家中没有蒸锅也不要担心：下面提供了一种用盘子和煎锅来替代的方法。

150克香米
1个红辣椒
1瓣大蒜
1块拇指大小的鲜姜
2棵油菜
2块三文鱼排，最好去皮
2汤匙酱油，另加少许用于上桌时浇汁
1茶匙芝麻油
盐

1

先准备大米。将大米放入一个中号平底锅中，加入冷水没过大米。在水中搅动大米；水会变得浑浊。缓缓地将水倒掉，重复这个过程几遍，直至淘米的水变清。

为什么要淘洗大米?

大米上附着着一些淀粉分子，在蒸煮的过程中这些分子会膨胀，使大米变得又黏又硬。使用松软的印度香米时，淘洗则更是至关重要。但对于某些食谱，保留大米上的淀粉又是很必要的，例如意式烩饭（risotto）。

2

在锅中倒入两倍于大米的水，大约300毫升，或让水没过大米一个指尖的高度。加入盐，将锅放到炉灶上，大火煮至沸腾。煮沸之后调至小火，搅动一下米粒，然后盖上密封锅盖。煮10分钟，煮饭的同时开始准备蔬菜。

分量需要增加?

如果就餐人数多于2人，可以按以下计算方法增加用米量。每个人的饭量是75克大米，水量是大米的2倍——每75克大米加150毫升水，或水量超过大米一个指尖的高度。无论分量增加多少，煮的时间都是一样的。

3

辣椒对半剖开，去籽，再切薄片。大蒜切薄片，姜磨碎。油菜将叶片与根部切断，并将根部纵向对半剖开。

4

如果有蒸锅，在蒸格中放入一个盘子。在底锅（或与蒸锅直径相等的炖锅中）倒入一半水，然后将蒸格架在底锅（或炖锅）上。如果没有蒸锅，也可以在一个大煎锅中放一个盘子，然后倒入足量的水，高度为盘子的一半。将水煮沸，三文鱼和油菜根部放入盘中，再撒上辣椒、大蒜和姜。在鱼肉四周浇一圈酱油。

蒸锅或煎锅盖上锅盖，蒸制5分钟。将油菜菜叶部分放到三文鱼旁边，盖上锅盖，再蒸5分钟左右。

5

此时检查一下米饭。米饭煮好后离火，不要打开锅盖，继续焖10分钟（更久一些也可以）。大米会煮得更到位更松软。

6

待菜叶变软，三文鱼和菜根的部分也就蒸熟了。此时油菜的茎部会变软，三文鱼鱼肉很容易顺着纹理分层。浇入芝麻油。

7

将三文鱼和蔬菜盛到预热过的盘子中，舀一些蒸鱼的酱汁淋在菜肴上，再额外浇一点儿酱油。用餐叉将米饭搅散，盛到三文鱼旁边，一同上桌食用。

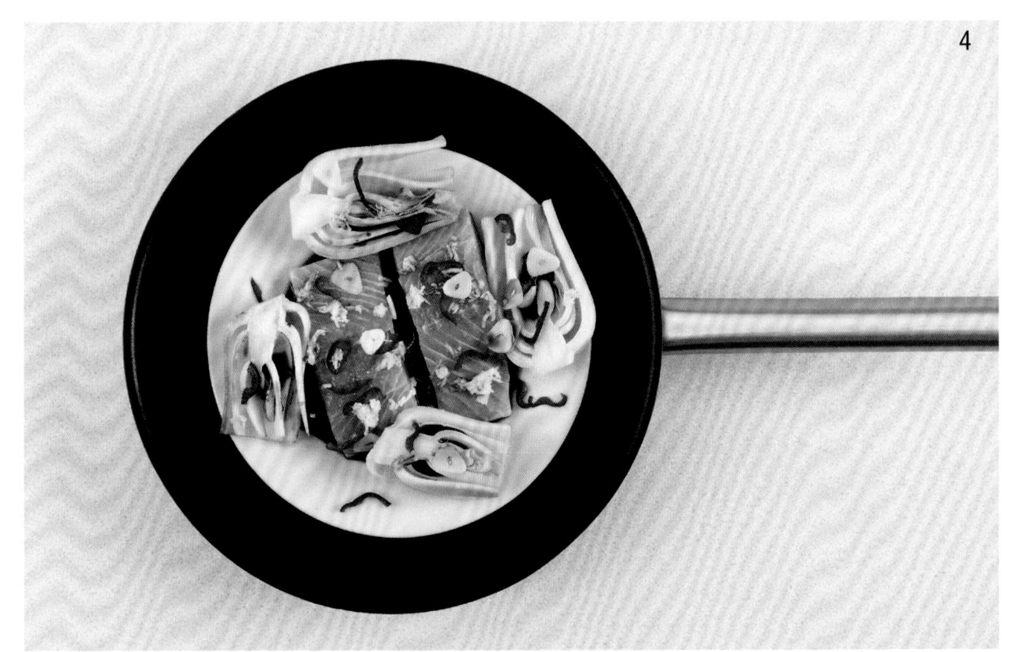
4

5

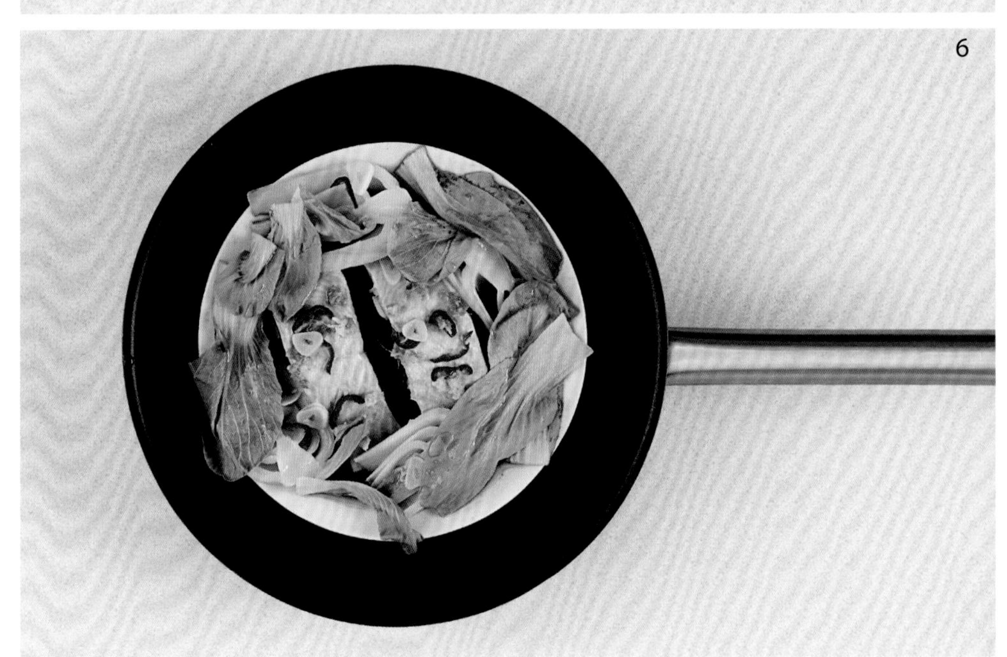
6

7

蒜香通心粉
Spaghetti with Pesto

准备时间：10分钟
烹饪时间：10分钟
4人份

新鲜的自制香蒜酱比市售的罐装产品味道要好得多。做好之后需尽快食用，以保证口味最佳。如果吃不完，在香蒜酱上面浇一层橄榄油以隔绝空气，可以在冰箱中保存一周左右。

½汤匙片状海盐

400克通心粉（任何形状的都可以）

80克松子

1瓣蒜

1大把新鲜罗勒

150毫升特级初榨橄榄油

50克帕玛森奶酪，外加少许用于上桌时的装饰

盐和胡椒

1

大火煮沸一大锅水。放入半茶匙盐，再放入通心粉，煮沸。期间搅拌一次，然后稍微调低火力，煮10分钟（或参考包装袋上的烹饪说明），直至通心粉变软。可以参考第141页的“小贴士”，学习如何判断通心粉是否煮熟。煮面的同时开始准备香蒜酱。小火加热一个中号平底锅。放入松子，翻炒3分钟，直至松子变得金黄，焦香四溢。倒入盘中，静置几分钟使其冷却。

2

将大蒜、罗勒叶片和茎部粗粗切碎，放入食物处理机中。再放入松子和橄榄油，加盐和胡椒调味。

3

用食物处理机搅拌各种食材，直至形成鲜绿色、质地顺滑的酱汁。奶酪细细磨碎，分几次倒入食物处理机中搅拌均匀。

4

保留一杯煮通心粉的水，将通心粉在滤锅中滤干水分，再重新放到滤锅中。舀一半的酱汁、几勺煮通心粉的水，放到通心粉中。用叉子充分翻动拌匀。如果通心粉看起来有些干，可以再加一些煮通心粉的水。这些水分可以帮助酱汁更均匀地裹在通心粉上。

5

用削皮器将帕玛森奶酪磨成薄片，撒到通心粉上，即可上桌。

烤鸡佐菠萝洋葱酱
Cajun Chicken with Pine-apple Salsa

准备时间：30分钟，腌制时间另计（可选）
烹饪时间：12分钟
4人份

用这道健康而美味的菜肴点亮周末的夜晚吧。多种香料气味浓郁，与丝丝辣意相互衬托（不喜辣的话可以减少辣椒粉的用量），搭配猪排、牛排，甚至厚鱼排，都相得益彰。

莎莎酱用料

1个中等大小熟透的菠萝
1个小号的红皮洋葱
1个大号的绿辣椒
半个红辣椒
1把新鲜芫荽
1个酸橙，外加少许切成小瓣的酸橙，用于上桌时装饰

烤鸡排用料

4块去皮无骨鸡胸肉
2瓣大蒜
2茶匙干百里香
2茶匙红辣椒
1茶匙黑胡椒
2茶匙甜胡椒粉（allspice）
1汤匙葵花籽油或植物油
盐和胡椒
米饭，用于搭配食用（可选）

1

首先，处理鸡肉。将烤架预热至高火。用利刀在每块鸡胸肉上斜切三个花刀，深度约为鸡肉厚度的1/3。

2

大蒜压碎，同干百里香、红辣椒、黑胡椒、甜胡椒粉和油一同放入一个小碗中。加入盐，充分搅拌均匀。

3

用混合香料涂抹鸡肉表面和花刀缝隙处。抹好香料的鸡肉放入冰箱冷藏，时间可依个人情况调整，最多可放置24个小时。腌好后，将鸡肉放到烤架上。烤12分钟，期间翻面1—2次。

4

烤鸡肉的同时开始制作菠萝洋葱莎莎酱。菠萝切去头尾，纵向切成4瓣，再将中间的硬心部分切掉。

如何选购熟度好的菠萝

汁多、味甜的菠萝闻起来有种水果的芬芳香气。试着从中间的叶丛中扯掉一片叶子，如果轻轻一拉就掉了，就说明菠萝已经熟了。

5

菠萝果皮向下，用刀子切十字形花刀，将菠萝切成1厘米大小的方块，深度一直达到果皮处。由上至下片下果肉，切好的果肉应为1厘米见方的小块，直到离果皮1厘米左右的位置停止，果肉放入大碗中。

6

洋葱切碎，辣椒和胡椒去籽后同样细细切碎，一并放入菠萝中搅拌均匀。芫荽叶粗粗切碎，放入菠萝中，然后挤入酸橙汁，搅拌一下。放盐和胡椒调味。

7

烤制12分钟后，鸡肉应该呈深棕色——一些部位可能会发黑——这意味着鸡肉完全烤熟了。如果此时你还在处理调味酱的原料，不用担心，鸡肉放一会儿味道会更好。在肉上面盖一层锡纸，用来保温。

如何判断鸡肉是否烤熟了?

在鸡肉上打花刀可以帮助热气进入鸡肉内部，加速熟成。如果你不能确定鸡肉是否熟了，用尖刀插入鸡肉最厚的部分。抽出刀后，带出的汁水应该是透明的，没有红丝。刀尖也应该是烫的——如果不是，将鸡肉放到烤架上再烤一会儿，然后再次检验。

8

烤好的鸡肉搭配几勺菠萝洋葱莎莎酱，几瓣酸橙和一些米饭，即可上桌食用。

5

6

7

番茄酿鸡胸卷配芝麻菜沙拉
Stuffed Chicken with Tomatoes & Rocket

准备时间：20分钟
烹饪时间：25分钟
4人份（可依就餐人数减半）

这道菜做好之后，连锅直接端到桌上，不仅菜色令人惊艳，等酿鸡肉卷吃完之后，剩下的汤汁用来蘸面包吃，更是美味绝伦。

2枝新鲜迷迭香
4块中号的去皮无骨鸡胸肉
100克山羊软奶酪（或任何全脂软奶酪）
8片干腌烟熏培根
1汤匙葵花籽油或植物油
4个大号的，或6个小号的熟番茄
1瓣大蒜
2汤匙特级初榨橄榄油
100克野生芝麻菜或其他沙拉叶
半个柠檬
盐和胡椒

1

烤箱预热至200℃/400℉/火力6挡。择下迷迭香的叶片。鸡肉放到砧板上。用一把锋利的小刀，在鸡肉最厚的地方划开一道缝，再向内侧刺出一个洞，慢慢扩大，使鸡胸内部形成一个空间。舀起一些奶酪，填入鸡胸肉中，再将开口处封好。

2

在鸡肉上撒盐和胡椒调味，再撒入一半的迷迭香。每块鸡肉用2片培根紧紧缠起来，并将培根的两端塞好。

3

大火将耐火浅砂锅烧热，然后放油。半分钟后放入鸡肉。每面煎2分钟，直至鸡肉开始呈焦黄色。翻面时可以使用餐钳。

4

煎鸡肉的同时将番茄切厚片。大蒜切薄片。将番茄放入砂锅中，上面撒入剩下的迷迭香和大蒜。放盐和胡椒，浇入大约半汤匙特级初榨橄榄油。将砂锅放到炉灶上，煮25分钟。

砂锅离火，静置几分钟，使鸡肉入味。鸡肉卷应裹满番茄酱汁。

5

芝麻菜放入大碗中。酸橙挤出汁淋在菜叶上，浇入剩下的橄榄油。加盐和胡椒调味。

6

鸡肉卷搭配沙拉上桌，分盘后在每一份鸡肉卷上淋一些热汤汁。

蒜香煎牛排
Chargrilled Steak with Garlic Butter

准备时间：15分钟，冷冻黄油所需的10分钟另计
烹饪时间：5—7分钟
2人份

煎牛排其实非常简单。选购上好的牛肉，按照一些基本的步骤去做，你就能完成美味的一餐。食谱中的蒜香黄油制作2人份牛排会有剩余，剩下的牛肉用保鲜膜包好，放到冰箱里，冷藏可以保存1周，冷冻可以保存1个月。

1瓣蒜
1把新鲜平叶欧芹
50克无盐软黄油
¼茶匙片状海盐
2块西冷牛排，约2厘米厚，常温
1茶匙植物油或葵花籽油
盐和胡椒

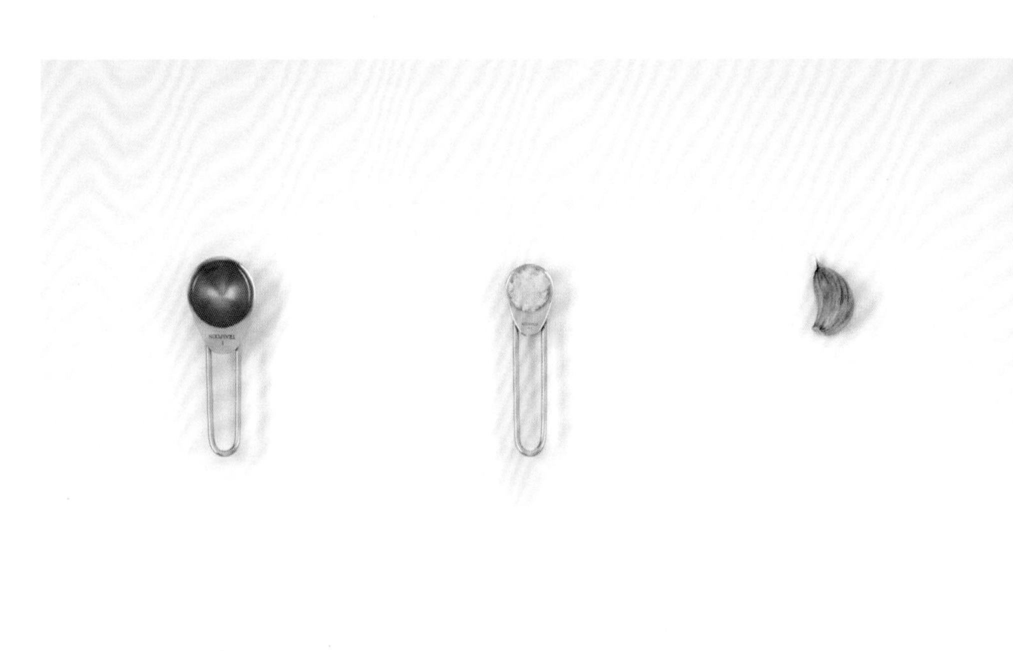

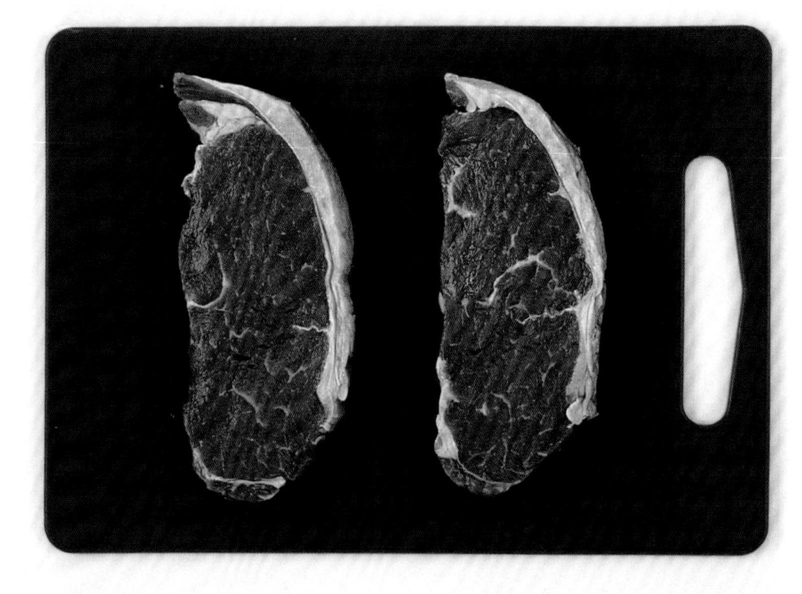

1

2

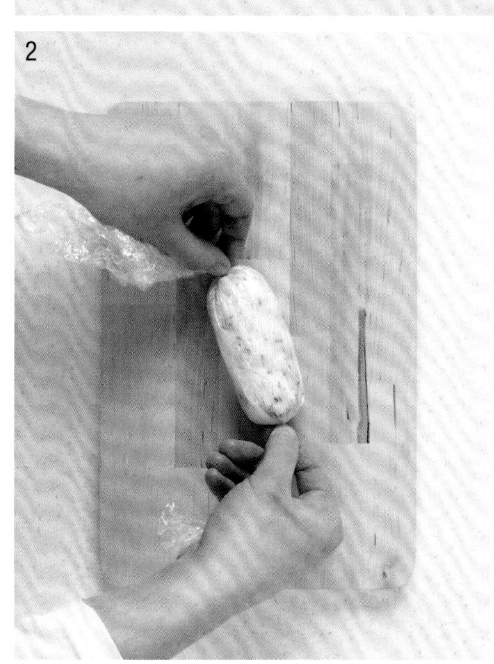

3

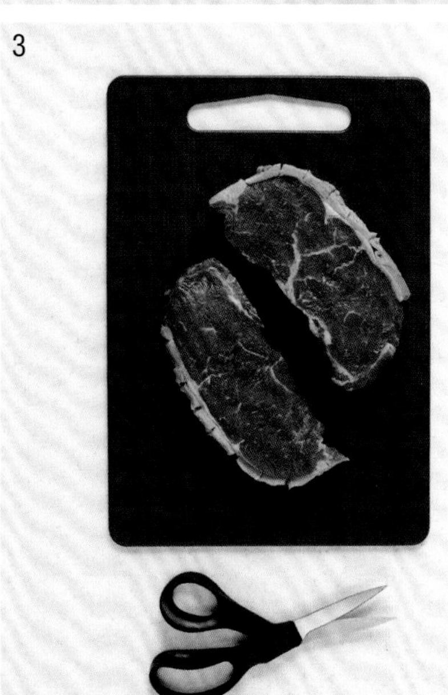

4

1

首先制作蒜香黄油。大蒜压碎，欧芹粗粗切碎。全部放入一个小碗中。放入黄油，¼茶匙盐和胡椒，然后用叉子充分搅拌均匀。

2

在工作台表面铺一层保鲜膜。用勺子将黄油舀到保鲜膜上，形成一个矩形。用保鲜膜卷起黄油，两端捏紧，做成一个紧紧的小卷。放到冷柜中冷冻10分钟，直至黄油变硬（时间允许的话，也可以冻久一些）。

3

在此期间，将牛排上多余的脂肪切掉（脂肪太多会使厨房里充满烟气），保留大约5毫米厚的脂肪即可。脂肪收缩会导致牛排在煎制过程中卷起，煎的时候用厨房剪在边缘的脂肪层上刺几下，可以防止牛排卷得太过。

4

牛肉处理好之后，在表面涂抹植物油，撒入大量的盐和胡椒。中火加热一个烤盘，直至烤盘变烫，但不冒烟。将牛排放到平底锅中煎2分钟，不要翻动。刚放进去时，牛排会发出很大的嗞嗞声；如果不是这样，就说明锅没热好，这种情况下，取出牛排，煎锅再加热1分钟，然后再试一次。用抹刀或鱼铲按压牛排表面几次，帮助牛排底面更快煎成深金黄色。

5

牛排翻面，再煎2分钟，煎成三分熟——中间呈现粉红色、多汁的状态。同之前一样按压，帮助牛排表面上火色并出现焦脆的质感。每面煎2分钟之后，再次按压牛排。三分熟的牛排感觉既不是很软，也不是很有弹性，按压时会陷下去。如果要五分熟，每面煎3分钟。煎牛排边缘的脂肪部分时，用餐钳夹住牛排，仅脂肪部分接触平底锅加热。煎半分钟左右，直至脂肪部分变成金黄色。

6

将牛排盛到预热好的盘子中，平底锅离火。牛排用锡纸松松盖上，静置几分钟。等待的同时，将烤架预热至高温。

7

将牛排和流出的汤汁重新放回平底锅中。将黄油从保鲜膜中拿出来，切出两个厚圆片，放到牛排上面。

8

将牛排放到烤架下面烤半分钟，直至黄油开始熔化，流入下面的汤汁中。

9

牛排同黄油汤汁一同上桌，立即享用。

黄金法则

烹饪时，牛肉提前1小时从冰箱中拿出来。牛肉的厚度比其重量更重要；薄牛排比厚牛排煎得更快。煎的时间宁短毋长。因为煎过火的牛排不能重来，但没煎熟的牛排可以放到烤盘中继续煎。

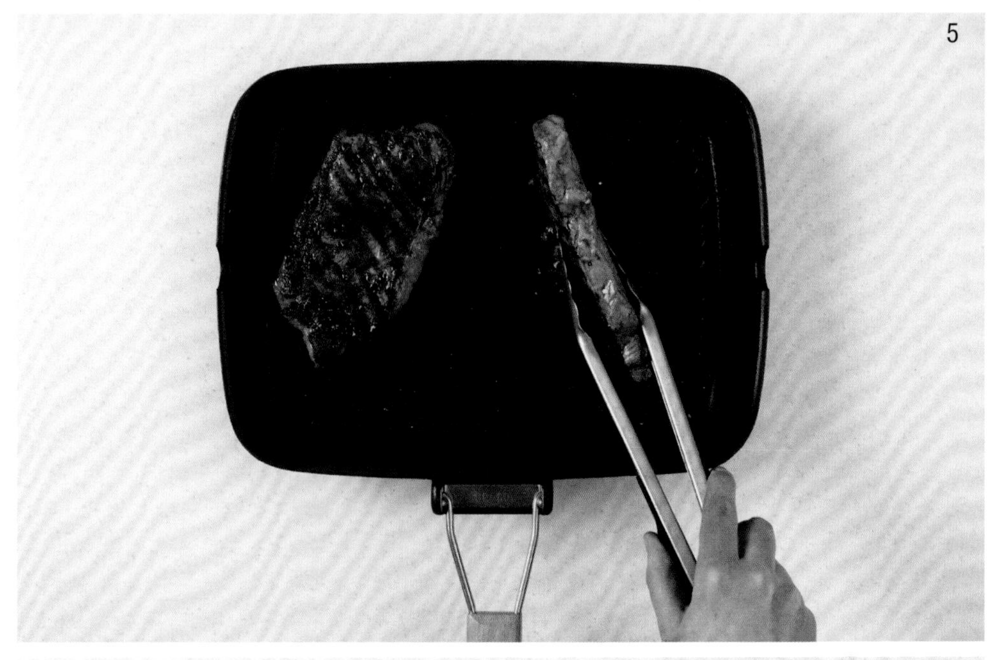
5

6

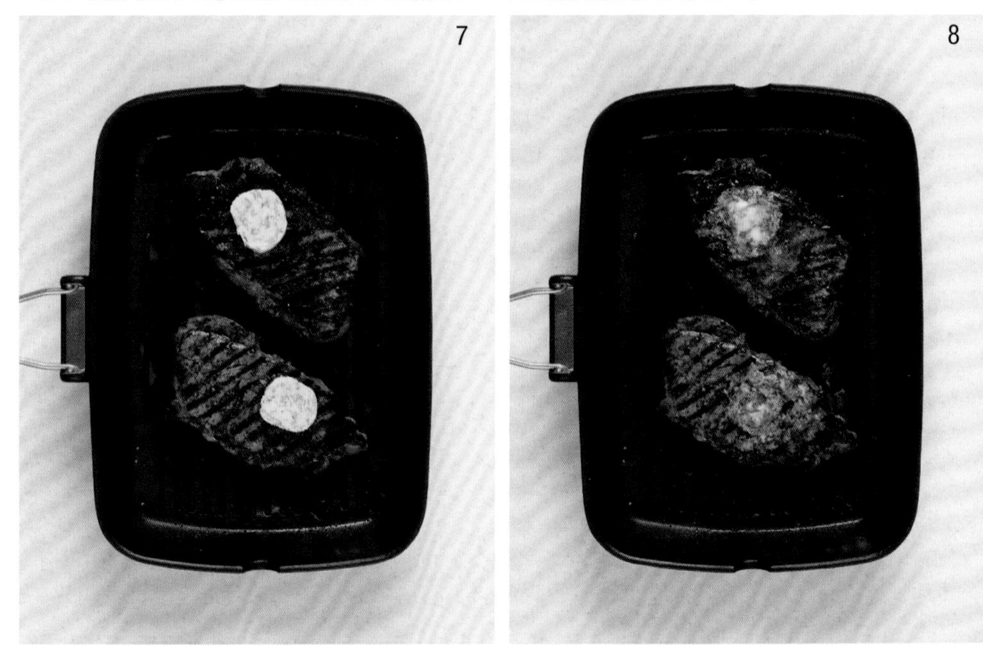
7 8

9

奶油培根意面
Spaghetti Carbonara

准备时间：10分钟
烹饪时间：10—12分钟
2人份（可依就餐人数加倍）

只需要6种食材，简单混合一下，就会成为一道方便又丰盛的美味。如果希望滋味更丰富一点儿，在将帕玛森奶酪鸡蛋酱汁加入意大利面之前，可以在酱汁中加少许奶油——2汤匙左右即可。

1茶匙片状海盐
200克意大利面
1瓣蒜
4片烟熏干腌培根，或100克烟熏肥腊肉或意式培根块
1汤匙淡橄榄油
40克帕玛森奶酪
3个中号鸡蛋
盐和胡椒

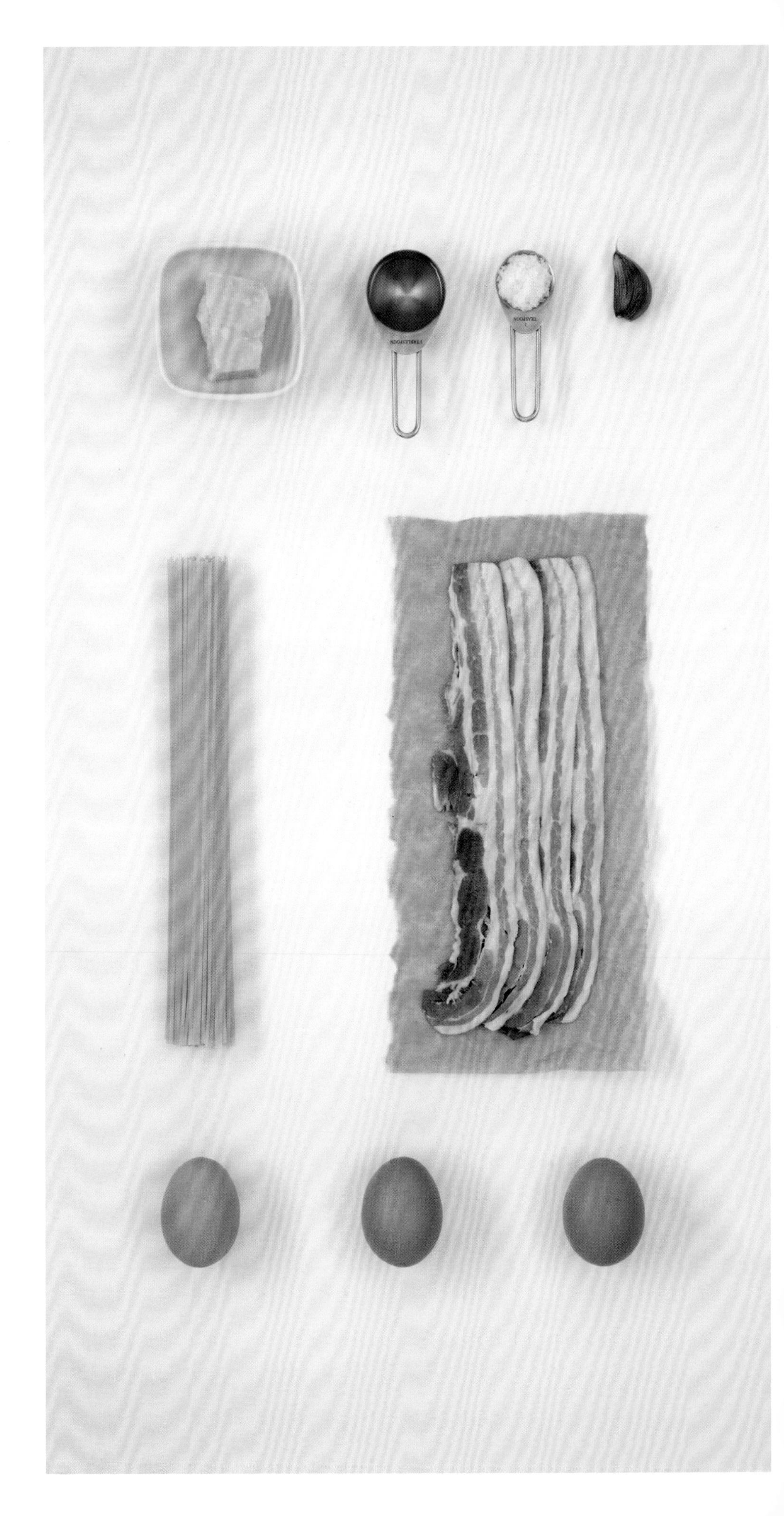

1

大火煮沸一大锅水。加盐，然后放入意大利面，煮至沸腾。期间搅拌一次，煮沸后将火力稍微调低，煮10分钟，直至意大利面变软（见第141页）。

2

煮意大利面的同时开始制作调味酱。蒜不要剥皮，直接用刀背或平底锅的锅底拍碎。培根切成小片。中火加热一个大煎锅，然后放入油。半分钟后，放入切好的培根或肥腊肉片和大蒜。大蒜和培根炒8—10分钟，直至培根变得金黄，卷曲，油脂流出来。将其中的大蒜扔掉，平底锅离火。

3

炒培根的同时，将帕玛森奶酪细细切碎，鸡蛋打入碗中，用餐叉打散。将一半的奶酪加入鸡蛋中搅拌。放盐和胡椒调味。

4

意大利面煮软后捞起，滤干水分，保留一杯煮面的水。将意大利面倒入炒培根的锅中，加2汤匙煮面的水，然后加入鸡蛋奶酪酱汁。快速搅拌所有食材（使用餐钳会很方便），使鸡蛋酱汁、培根和汤水充分包裹住意大利面。用煎锅和面的余温加热鸡蛋，1分钟左右即形成浓郁的酱汁。

5

将意大利面舀到温热的餐盘中，然后撒上剩下的奶酪和少许胡椒，立即上桌食用。

泰式虾面
Prawn Pad Thai

准备时间：15分钟
烹饪时间：10分钟
4人份

我在这道泰式咖啡馆的经典菜式中加入了豆腐。如果有剩下的烤鸡肉，也可以加到面条中。

400克宽米粉
1块250克左右的老豆腐，滤干水分
3瓣大蒜，压碎
1把葱
1小把新鲜芫荽
1汤匙植物油或葵花籽油
3汤匙罗望子酱（可选）
3汤匙甜辣酱
3汤匙泰国鱼露
1½汤匙黄砂糖
1把炒花生（可选）
4个中号鸡蛋
200克去壳生虾
½茶匙干辣椒（可根据个人口味酌情添加）
2个酸橙
100克豆芽

1

烧一壶水。将米粉放入一个大碗中，倒入刚烧开的水，水量以淹没米粉为宜。轻轻搅动，放置一边浸泡，直至完成步骤7。

米粉粘连到一起怎么办?

米粉在浸泡过程中有时会粘连到一起。如果出现了这种情况，用冷水冲洗米粉，并用手指将米粉一根根地分开。

2

等待米粉浸泡的同时，将豆腐切成边长2厘米大小的块状。大蒜用刀背压碎，葱切碎。芫荽叶子择下。

3

中火加热一个大号不粘煎锅或炒锅。放油，加入豆腐。煎6分钟，期间不断翻动，直至豆腐各面变得金黄。用漏勺将豆腐盛出来，放到厨房纸上，吸掉多余的油分。

4

在此期间，将罗望子酱、甜辣酱、鱼露和糖放到一个小罐子中，搅拌均匀。如果用了花生，将其粗粗切碎。鸡蛋打入碗中，用餐叉稍稍打散。

罗望子酱

这是一种用罗望子果实做成的酱汁，很稀，呈棕色。罗望子有一种非常特别的酸味，在许多亚洲菜中都会用到。罗望子酱在大多数超市中都能买到，如果买不到，多放些酸橙汁就可以了。

5

重新将锅放到炉灶上，大火加热。可以不用再放油。将虾放入锅中，煎2分钟，直至虾变得通体粉红。然后放入大蒜、辣椒和一半葱。翻炒几秒钟，直至大蒜和葱散发出香气。

6

将虾盛到盘子中，在锅中加入蛋液。煎半分钟到1分钟，用木勺沿平底锅轻轻推动鸡蛋，鸡蛋会渐渐开始凝固，煎熟后类似蛋饼。

7

将煎蛋从锅中盛出来，放到砧板上。像卷饼一样将其卷起来，切成细长条。在这个过程中，如果你觉得自己无法分心，可以将平底锅从炉灶上移开。

8

将锅重新放到炉灶上，米线滤干水分，放入锅中。加入调味酱、大部分芫荽叶、煎蛋、豆腐、虾和剩下的葱，以及几滴酸橙汁，充分搅拌均匀。

小贴士

餐钳在这道菜中非常有用，用来上下翻动米线，使其同调味酱混合到一起。如果没有餐钳，可以用2把木勺代替——像握沙拉勺那样握。

9

为了使其看起来更地道，在米线旁边放上一小撮花生和豆芽，再撒入剩下的芫荽。将剩下的酸橙切成小块，每个盘子上放1瓣。

5

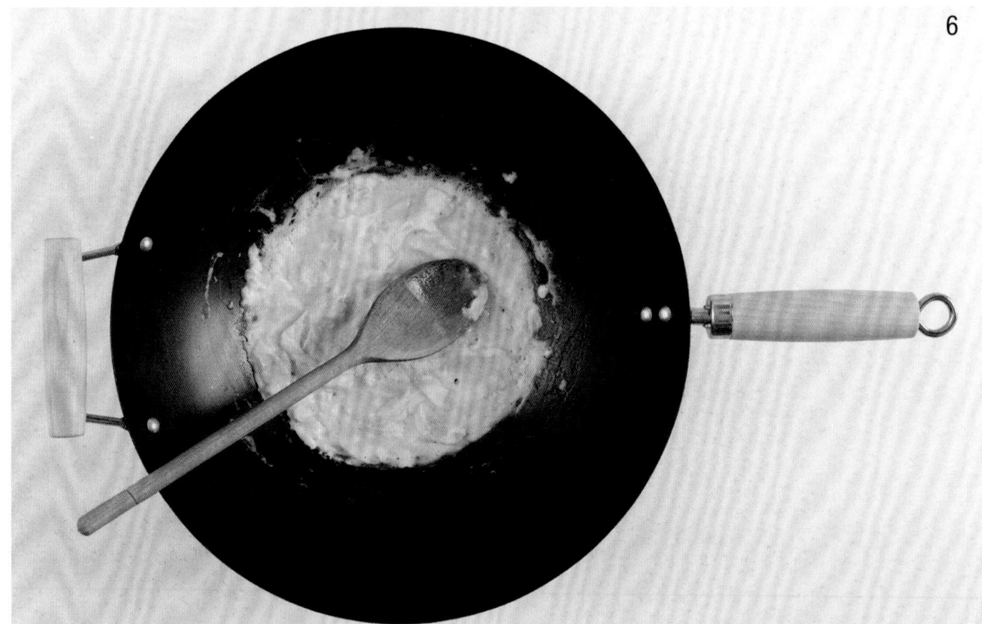

6

7 8

泰式咖喱牛肉饭
Thai Curry with Beef

准备时间：15分钟
烹饪时间：16分钟
2人份（可依就餐人数加倍）

用一碗香喷喷的咖喱饭唤醒味觉吧——这道菜制作非常简单。如果你想要用鸡肉或大虾来做，第170页的“小贴士”会有相关的介绍。关于如何用香米做出完美的咖喱饭，前面已有说明。

2瓣蒜
1块拇指大小的鲜姜
300克牛里脊或后腿部牛排
100克刀豆
5个小茄子（或1个普通茄子）
2汤匙葵花籽油或植物油
1½汤匙泰式红咖喱或绿咖喱
1茶匙棕榈糖（普通砂糖亦可）
1罐400克左右的椰奶，可以根据个人口味换用低脂奶
4个冻干的青柠叶（Kaffir lime leaves，可选）
1个红辣椒
2汤匙鱼露
1个酸橙
1小把新鲜芫荽
米饭，用于搭配（可选）

1

2

3

1

大蒜用刀背压碎，姜磨成姜末。将牛排切成细条。为了让牛排的口感更柔软，切时要斩断牛肉的纹理。刀豆茎择净，切成两段。茄子切成厚片。

2

炉灶调至高火，烧热一个大号煎锅，放入油。半分钟后放大蒜、姜和牛排。煎2分钟，直至牛排变色，然后将牛排从锅中盛出来，姜和蒜留在锅中。

3

将咖喱酱放入锅中，拌炒2分钟，直至咖喱酱开始发出嗞嗞的声响，炒出香味。

4

放入糖、椰奶、100毫升水、刀豆、茄子和酸橙叶，小火煮10分钟，直至蔬菜变软。

青柠叶

这些不起眼的叶子会膨大，为咖喱增添浓郁的青柠香气和滋味。如果在超市买不到青柠叶，可以将青柠皮细细磨碎，放入咖喱中作为替代。

5

与此同时，将红辣椒切薄片，芫荽叶择掉茎部。蔬菜煮软之后，加入鱼露搅拌，挤入青柠汁。尝一尝汤汁——此时的汤汁应该中和了甜、咸、辣、酸4种味道，且达到平衡，没有一种味道特别突出。将牛排放回锅中，加热1分钟。

6

撒上辣椒片和芫荽叶。

7

用勺子盛到碗中，搭配米饭上桌食用。

变化形式

如果做咖喱鸡肉，将2块鸡胸肉切薄片，同牛肉一样煎熟，直至所有的肉都由粉变白。按照前面介绍的步骤进行，在步骤4将鸡肉放回锅中。如果是做咖喱虾，按照食谱一直做完步骤5。然后放入300克生虾，小火煮几分钟，直至虾通体变红，完全煮熟。

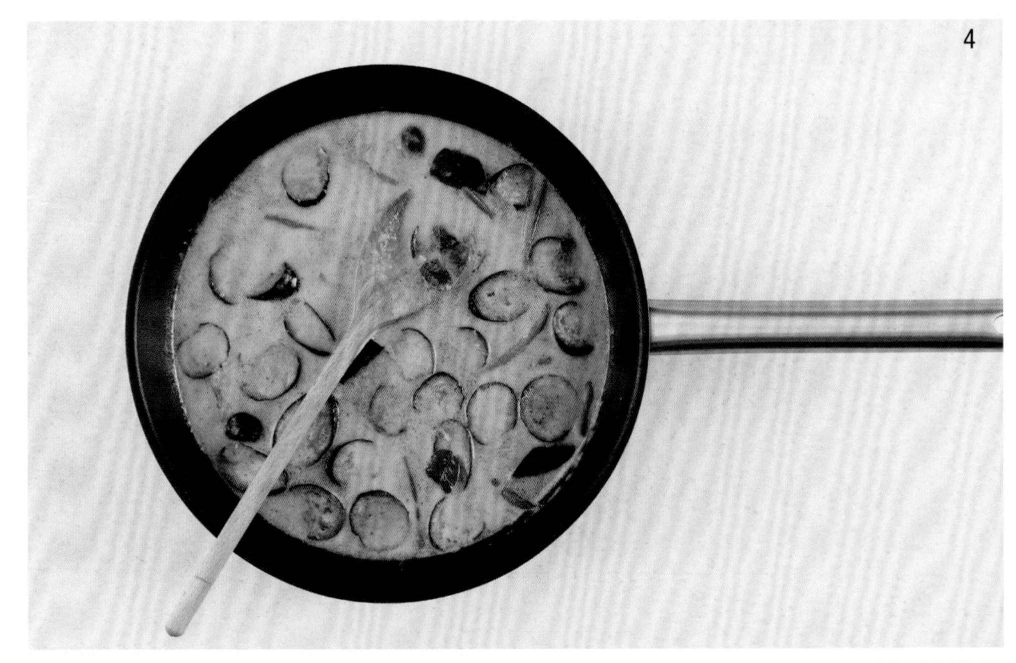

7

FOOD

FOR

简单小食

SHARING

糖醋烤肋排
Sticky Barbecue Ribs

准备时间：10分钟，1小时腌制时间另计
烹饪时间：2.5小时
6人份

自己制作美味的烧烤腌料再简单不过了。将肋排和腌料放入烤箱慢慢烘烤，肋排会渐渐吸收腌料的味道。选购肋排时，选择骨头上肉和脂肪较多的。

1瓣蒜
3汤匙番茄泥（tomato purée）
6汤匙酱油
3汤匙蜂蜜
2汤匙红酒醋
2汤匙黑砂糖
½茶匙片状海盐
½茶匙胡椒
½茶匙辣椒粉
½茶匙塔巴斯科辣椒酱（Tabasco）
2汤匙伍斯特沙司
18块肉较多的猪肋排，总重约2千克

1

大蒜压碎，放入一个大碗中。加入除肋排外的全部原料，搅拌均匀，再放入肋排，在腌料中翻动均匀。室温下腌制至少1小时，或在冰箱中腌制24小时以上。

2

烤箱预热至180℃/350℉/火力4挡。将肋排和所有的腌料都倒入一个大烤盘中，均匀铺开。烤盘上紧紧覆盖一层锡纸，放入烤箱烤制半小时。半小时后，拿掉锡纸，将肋排放回烤箱中再烤1小时，每20分钟翻动一次肋排，使其沾匀腌料。翻动时可以使用餐钳。

3

肋排烤好后，肉质会变得非常酥软，表面包裹的酱汁色泽油亮。无须任何配菜，将肋排装盘上桌，旁边放上洗手碗和纸巾。

烤鸡翅佐蓝纹奶酪酱
Chicken Wing & Blue Cheese Dip

准备时间：15分钟
烹饪时间：40分钟
6人份（可依就餐人数加倍）

鸡翅是一种很容易被忽视的食材，但它确实物美价廉，滋味丰富。这道鸡翅外皮香脆弹牙，裹满辣酱，与蓝纹奶酪蘸料和爽脆芹菜的搭配可能不太常见，但绝对会让你欲罢不能。

1千克鸡翅

¼茶匙片状海盐

¼茶匙胡椒

¼茶匙辣椒粉

70克蓝纹奶酪，例如斯蒂尔顿奶酪（Stilton），圣阿古尔奶酪（St.Agur）或戈尔根朱勒奶酪（Gorgonzola）

5汤匙原味酸奶

4汤匙质量上乘的蛋黄酱

1棵芹菜

100毫升辣椒酱（可选用类似Frank's牌红辣椒调味汁的辣酱）

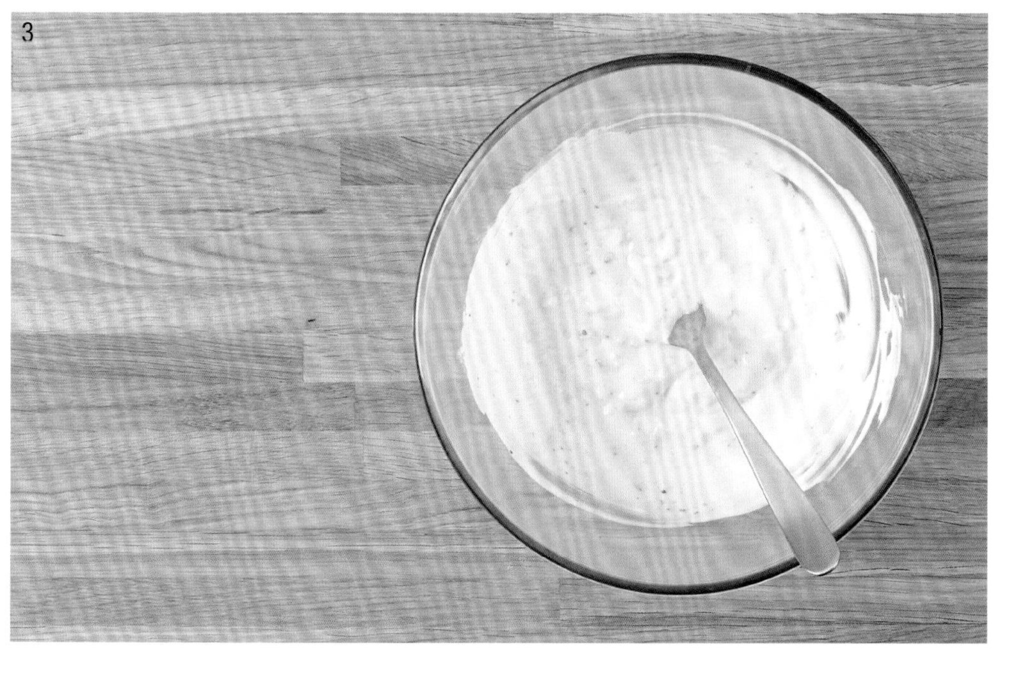

1

烤箱预热至200℃/400℉/火力6挡。如果买来的鸡翅还带着翅尖，用厨房剪将其剪掉，然后用利刀沿关节部位切开，分成翅中和翅根两段。

2

将鸡翅放入一个大烤盘中，加入盐、胡椒和辣椒粉。用手将调料均匀抹到鸡翅上。将鸡翅放入烤箱中烤40分钟，直至鸡翅表皮变脆呈金黄色，中间翻面一次。

3

在此期间，开始制作蓝纹奶酪蘸汁。将蓝纹奶酪放到一个大碗中，用餐叉碾碎。加入酸奶和蛋黄酱，放盐和胡椒调味。充分搅拌后放入冰箱冷藏，使用时再拿出来。

4

芹菜根部切掉，茎相互分开，择掉叶子。切成手指长的条状。

5

鸡翅烤得通体金黄，外焦里嫩时，将辣椒酱浇到上面，充分翻动，使鸡翅表面沾满辣椒酱。

6

将烤好的鸡翅搭配奶酪蘸汁和芹菜茎一同上桌，同时准备好大量的餐巾纸。

意式前菜拼盘和普切塔佐橄榄酱
Antipasti with Tapenade & Tomato Bruschetta

准备时间：35分钟
烹饪时间：4分钟
6人份

这道菜的风味有些混搭，不过味道极为美妙。开胃菜拼盘（Antipasti）是一道充满意式风情的头盘（其字面意思是“餐前”），搭配普切塔（Bruschetta），一种表面铺上番茄的蒜香烤面包片。橄榄酱（Tapenade）是一种源自法国南部的传统酱料，除橄榄外，还含有凤尾鱼等辅料，在意大利也很受欢迎，同前菜拼盘中的各种食材搭配起来都很合适。

100克质量上乘的去核黑橄榄或绿橄榄——如果想自己去核，则需购买150克

2汤匙盐浸刺山柑，滤干水分

2片罐装凤尾鱼，滤干水分

3枝新鲜百里香

2汤匙特级初榨橄榄油，外加少许用于上桌时使用

半个柠檬

3个成熟的番茄，总重约250克

1把新鲜罗勒

400克脆皮酸面包或其他质量上乘的面包

1瓣蒜

盐和胡椒

根据个人口味选择咸肉，例如意大利熏火腿或意大利香肠（每人3—4片）

醋渍小黄瓜，刺山柑或腌渍朝鲜蓟，搭配食用

1

制作橄榄酱，将橄榄、刺山柑、凤尾鱼、百里香叶和橄榄油倒入食品搅拌器中。挤入柠檬汁。

2

启动搅拌器，直至形成黏稠的膏状物。在搅拌过程中，需要不断将附着在搅拌器内壁上的部分刮下来，直至最后做出质地完美的调味酱。

3

准备普切塔所用的番茄。将番茄粗粗切块，放入碗中。罗勒叶粗粗切碎，放入番茄中搅拌均匀。加盐和胡椒以及少许橄榄油调味。置于一旁待用。

正确保存番茄

番茄常温保存的味道要比冷藏好得多。只要避免直接日晒及高温，在室温下可以保存好几天，而且在保存过程中，番茄也会慢慢成熟。如果你的厨房温度很高，那么番茄最好冷藏保存——不过在使用前，记得提前几小时拿出来。

4

根据每片面包的大小，将其切成2—3片。烤架预热至高温。将面包放到一个大的烤盘上，每面烤2分钟，直至面包变得金黄香脆。

5

蒜瓣对半切开，用切面涂抹面包片，涂抹单面即可，并在涂抹过蒜汁的一面滴少量橄榄油。

6

将面包片、腌肉、醋渍小黄瓜、刺山柑、凤尾鱼、朝鲜蓟放到一块大砧板上，让每个人随意取食。食用时将番茄块舀到面包片上，或涂抹少许橄榄凤尾鱼酱。

3

4

5

烤干酪玉米片佐鳄梨沙拉酱
Cheese Nachos with Guacamole

准备时间：30分钟
烹饪时间：7分钟
6人份

没有人不喜欢烤玉米片，如果你不确定在座的人是不是素食主义者，那么烤玉米片是个好选择。将调味酱、玉米片和豆子一层层叠置的目的是让每片玉米片都沾上酱料，从上到下滋味不减。

1瓣蒜
3汤匙特级初榨橄榄油或淡橄榄油
1罐400克左右的番茄酱
3个成熟的鳄梨
1小把新鲜的芫荽
1个红皮洋葱
1个成熟的番茄
2个酸橙
200克可熔化奶酪，例如切达奶酪（Cheddar）
400克玉米片，轻盐或原味均可
1罐400克左右的黑豆，滤干水分
1把罐装墨西哥辣椒片，滤干水分
200毫升酸奶油
盐和胡椒

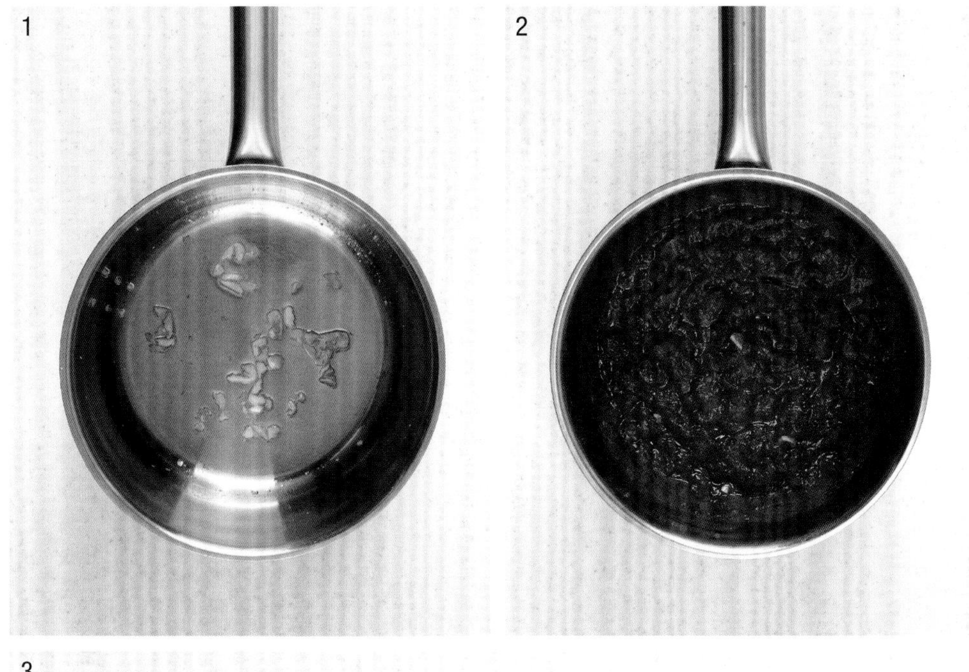

1

首先制作烤玉米片所需的番茄酱。大蒜切薄片。炉灶开小火，放上平底锅，加入2汤匙橄榄油。大约半分钟之后，加入大蒜，小火煎2分钟。注意不要煎至变色。

2

调高火力，加入番茄酱。煎至冒泡，不要盖锅盖，煎15分钟，直至酱汁变得浓稠，分量减少约⅓。加盐和胡椒调味，然后晾凉。番茄酱汁可以提前制作，冷藏保存。

3

制作鳄梨酱。将鳄梨对半切开。用勺子挖出里面的核，然后将果肉刮出，放到一个大碗中，每一个都用同样的方式处理。

选购和处理鳄梨

要选择熟鳄梨，可以轻轻按压带茎的一端。如果果肉轻轻凹陷，说明鳄梨是熟的。但如果过软，说明熟过了。

将鳄梨对半切开，将刀刃小心地插进果肉中，直至碰到果核。用刀刃抵住果核，沿着鳄梨周边转一圈。把刀抽出来，扭动两瓣鳄梨，将其分开。

4

用餐叉将鳄梨按在碗壁上碾碎。芫荽茎切细碎，叶子粗粗切碎。洋葱切细碎，番茄粗粗切块，同剩下的橄榄油一起放入鳄梨中，搅拌均匀。挤入酸橙汁。放盐和胡椒调味。鳄梨酱做好后，上面紧紧覆盖一层保鲜膜，可以放到冰箱中冷藏保存一天。

5

烤箱预热至200℃/400℉/火力6挡。奶酪磨碎。将一半的玉米片放到两个耐热碟或烤盘中。舀一半的番茄酱，随意浇到玉米片上，然后撒上一半豆子，少许辣椒片和一点儿奶酪，再重复这个过程，将食材依次铺好，最上面一层是奶酪。

6

将玉米片放到烤箱中烤7分钟左右，直至奶酪熔化。撒上更多的辣椒片和剩下的芫荽叶。顶部舀入一些鳄梨酱和酸奶油，剩下的盛在小碗中，一同上桌。

4

5

玛格丽特比萨
Pizza Margherita

准备时间：25分钟，1小时发面时间另计
烹饪时间：30分钟
6人份（2张比萨）

这份食谱所介绍的自制比萨真是再简单不过了，面团几乎不用揉，番茄酱也无须烹调。这也是一份绝佳的亲子烘焙食谱，孩子一定会喜欢参与，其中的乐趣几乎与享用比萨一样大！

300克高筋面粉，另加少许在擀面的时候使用

1茶匙片状海盐

1茶匙或1袋7克左右的速发酵母

2汤匙特级初榨橄榄油，外加少许用做浇头

1瓣大蒜

1把新鲜罗勒

120毫升番茄糊（passata，一种压碎且筛过的番茄酱汁）

1茶匙牛至叶碎

1串小番茄

120克马苏里拉奶酪，滤干水分

40克帕玛森奶酪

盐和胡椒

1

2

3

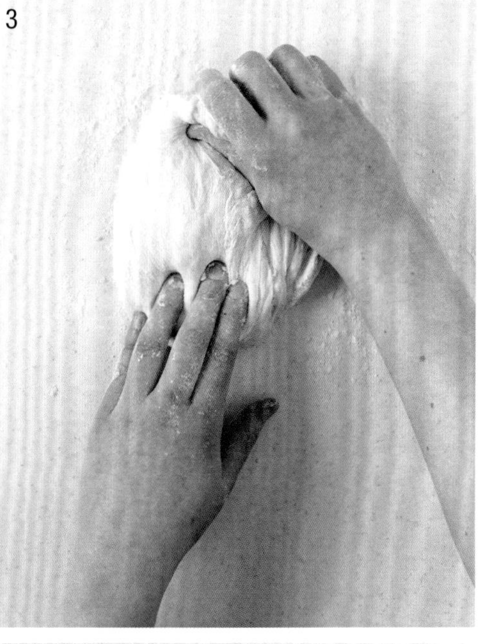

4

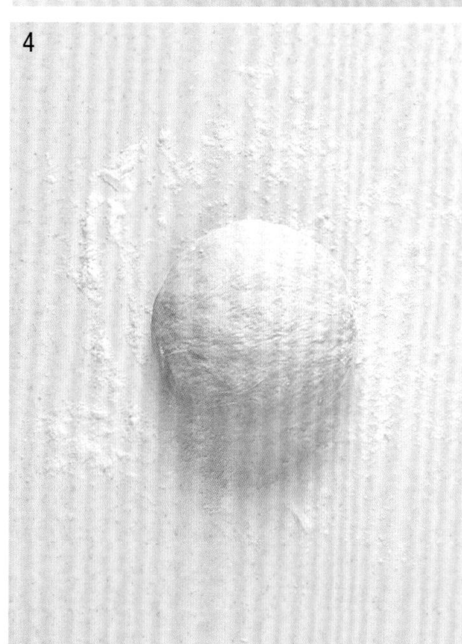

5

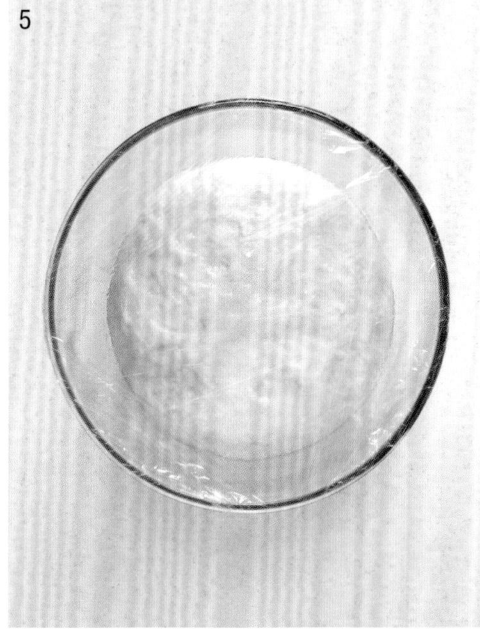

1

首先制作面团。在一个大碗中放入面粉、盐和酵母，充分搅拌均匀。将200毫升温水倒入一只壶或量杯中，加入橄榄油。

2

将橄榄油和水倒入面粉中，迅速搅拌，直至形成一个非常黏的面团。放置10分钟。

3

在工作台和手上沾少许面粉。取出面团，在工作台上揉1分钟左右，直至面团变得光滑，充满弹性。由于之前面团已经放置了一会儿，揉面的过程只需要半分钟左右。揉面的方法可参考第21页的“小贴士”。

4

将面团团成一个球形，准备发面。

5

在碗内壁涂上少许油，放入面团。保鲜膜表面涂少许油，涂油的一面向下盖在面团上，将碗置于温暖但不热的地方（通风的食品橱是个理想场所），时间为1小时，直至面团的体积膨胀一倍。

6

与此同时，开始制作调味酱。大蒜压碎，放入碗中。保留一些片小的罗勒叶，剩下的粗粗切碎，放入碗中。加入番茄酱和牛至叶碎，搅拌均匀，然后加盐和胡椒调味。

7

将小番茄对半切开，马苏里拉奶酪切薄片，帕玛森奶酪细细磨碎。

8

面团膨发好后，将烤箱预热至240℃/475℉/火力9挡。工作台上撒少许面粉，将面团倒在上面。面团的底部会出现许多小泡。用一把长刀将面团切成两半。

9

在2个平烤盘的底部沾上少许面粉。将一块面团放到其中一个烤盘上，用手指和手掌按压，直至面团变成直径约为30厘米的圆饼。这个过程可能需要花费一定的时间——因为在拉伸的过程中，面团会不断回缩。第二个面团用同样的方式处理。

10

用勺子背面将番茄酱均匀涂抹在饼底上，边缘留出一圈空白做比萨边。撒上奶酪和小番茄，倒入少许橄榄油。加盐和胡椒调味。完成这一步以后，比萨的半成品可以在冰箱中保存2个小时。

11

2张比萨分开烤，一次烤1张，每张烤12—15分钟，或直至饼边变脆，面饼变成金棕色，奶酪开始熔化并发出嗞嗞的声响。撒上剩下的罗勒，将比萨切成小块，即可上桌食用。

11

鹰嘴豆泥，搭配腌橄榄和皮塔饼

Hummus with Marinated Olives & Pitas

准备时间：20分钟
烹饪时间：2分钟
6人份

给一碗橄榄加点儿调味料，搅拌一些鹰嘴豆，用一个大浅盘盛好，这个过程只需要几分钟就能搞定。做出好鹰嘴豆泥的诀窍是加大量的油和调料——不要被可能要加的量吓到。

200克混合橄榄（根据个人喜好选择去核或带核的）

1个大红辣椒

2个无蜡柠檬

200克地中海白奶酪，如菲达奶酪（Feta Cheese）

1茶匙红酒醋或白酒醋

6汤匙特级初榨橄榄油

1把新鲜的平叶欧芹

3瓣蒜

2罐400克左右的鹰嘴豆，滤干水分

1茶匙片状海盐

3汤匙芝麻酱

1撮辣椒粉，用于上桌时搭配食用

6块皮塔饼（pita bread，一种中空烤饼），用于搭配食用

1

将橄榄放入碗中。辣椒去籽，细细切碎，将1个柠檬的皮细细磨碎。菲达奶酪切成小块。将上述材料放入橄榄中搅拌均匀，然后加入醋和1汤匙橄榄油。欧芹叶粗粗切碎，加入其中搅拌。置于一旁腌制片刻。

2

制作鹰嘴豆泥。将大蒜粗粗切碎。柠檬挤汁（总量约6汤匙）。保留2汤匙鹰嘴豆，剩下的同大蒜、柠檬汁、3汤匙橄榄油、盐和芝麻酱一起放入食物搅拌机中。

什么是芝麻酱?

芝麻酱是一种用磨碎的芝麻做成的酱，可以给鹰嘴豆泥增加丝滑的口感和香浓的坚果味。

3

用搅拌机将混合的食材搅拌成顺滑而浓稠的鹰嘴豆泥。搅拌过程中可能需要将附着在内壁上的部分刮下来。如果鹰嘴豆泥看起来过于黏稠，可以加2汤匙水或更多一些的水。尝一下味道，可以根据需要加盐和胡椒调味。

4

用餐前，加热皮塔饼。将烤架预热至高温，将皮塔饼放到一个烤盘中，每面烤1分钟，直至饼微微膨胀。烤好后切成条状。

5

上桌时，将鹰嘴豆泥舀到小碗中，撒上之前留下的2汤匙鹰嘴豆，然后浇入1汤匙或更多橄榄油。撒上辣椒粉，搭配腌渍橄榄和皮塔饼一同食用。

烤鸭卷饼
Crispy Duck Pancakes

准备时间：20分钟
烹饪时间：1.5小时
6人份（可依就餐人数加倍）

制作这道经典的中国菜没有捷径，需要的是充分的耐心，等待鸭肉慢慢烤至焦黄流油。

2茶匙五香粉
2茶匙片状海盐
半茶匙胡椒
4根鸭腿
1根大黄瓜
2把葱
24张春饼
120毫升海鲜酱

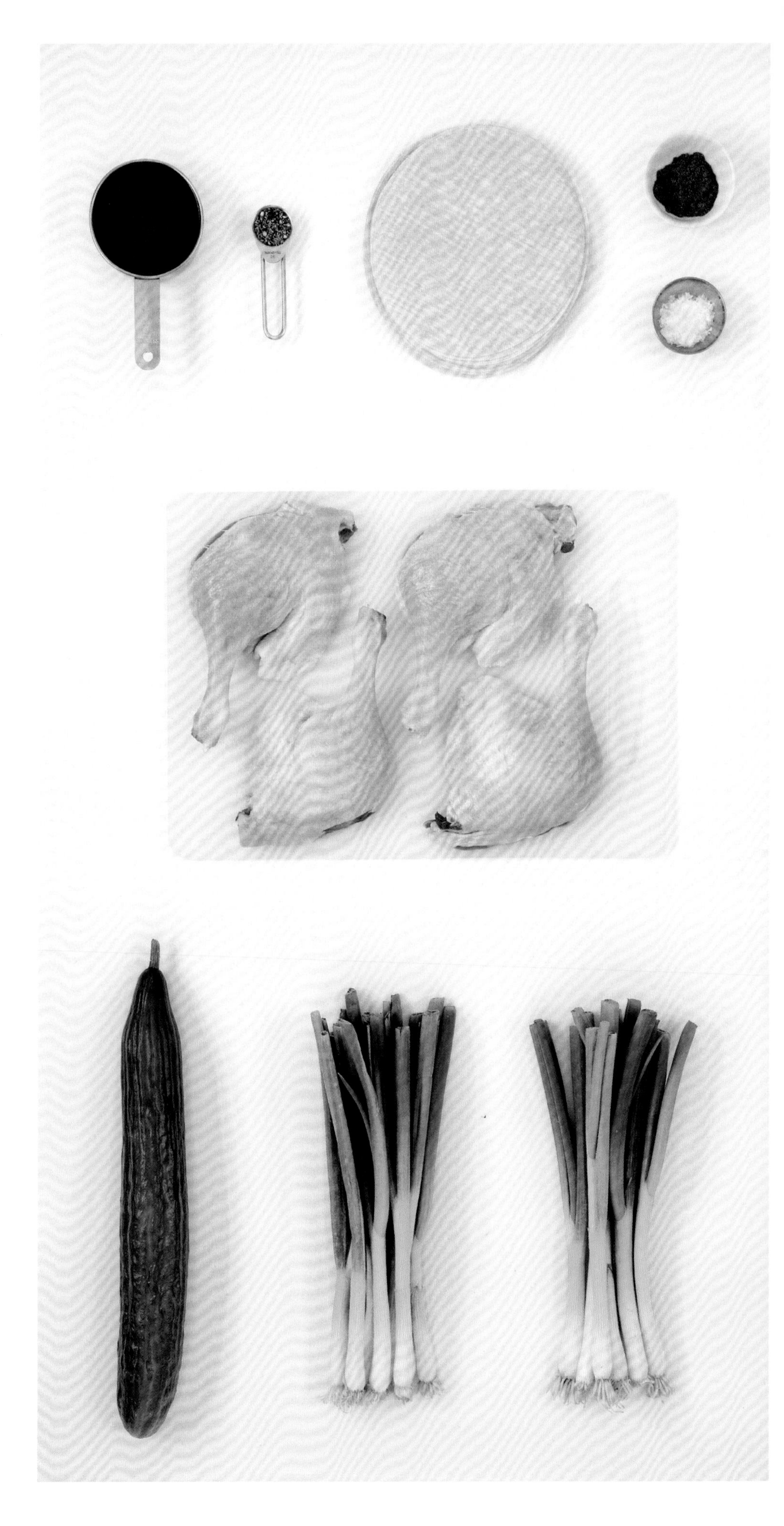

1

将烤箱预热至160℃/325℉/火力3挡。五香粉同盐、胡椒混合。鸭腿放入烤盘中，表皮均匀涂抹混合好的调味粉。

2

鸭腿烤1.5小时，直至表皮颜色变成深金黄色，外焦里嫩，鸭油流入烤盘中。带有热风对流功能的烤箱更容易把肉质烤脆，所以如果条件允许，最好用这种烤箱来烤，但温度要降低20℃/50℉。

3

与此同时，将黄瓜切成细条，葱切成细丝。如果觉得切葱丝比较麻烦，也可以横向切成圆形。

4

鸭腿烤好之后，在春饼上盖一层锡纸，放到烤箱中烤10分钟（或参考包装上的说明）。用2把餐叉将鸭肉从骨头上拆下来，烤好的鸭肉应该很容易拆骨。鸭肉盛入盘中，放入烤箱里保温。上面不要盖锡纸，不然鸭皮会失去脆度。

5

将海鲜酱舀到小碟中。调味酱、撕成条状的鸭肉、黄瓜、葱和春饼分开放置，让食用者自己搭配。食用时，舀1茶匙海鲜酱放到春饼上，用勺背均匀涂抹开。在春饼中间并排放上几根黄瓜条、少许葱丝和少许鸭肉。卷的时候，折起春饼底部，然后将两侧卷到一起，顶部留口。

3

4

5

烤鸡肉串佐花生酱
Chicken Satay with Peanut Sauce

准备时间：20分钟，30分钟腌渍时间另计
烹饪时间：7分钟
6人份

泰国的小贩在街头卖的烤肉串不太可能搭配花生酱，但对于我来说，花生酱确实是一种非常简便的食材，味道也更亲切。为了使肉串鲜嫩多汁，鸡肉至少要腌1小时。

4块较大的去皮无骨鸡胸肉
1块拇指大小的鲜姜
1茶匙姜黄粉
1茶匙芫荽籽粉
2汤匙鱼露
2汤匙幼砂糖
1½茶匙小茴香粉
4汤匙椰浆或椰奶
1个大号绿椒
1个洋葱
2瓣蒜
1枝柠檬香茅
2汤匙植物油或葵花籽油
4满汤匙颗粒花生酱（crunchy peanut butter）
1把新鲜芫荽，用于上桌时使用
还需要准备20根木签或铁钎

1

2

3

1

将每块鸡胸肉纵向切成5个长条。

2

姜细细磨碎，放入一个大碗中。加入姜粉、芫荽籽粉、1汤匙鱼露、1汤匙糖、1茶匙小茴香粉和1汤匙椰浆或椰奶，搅拌均匀。加入鸡肉继续搅拌，然后盖上盖子，常温下腌制30分钟，或在冰箱中腌制24个小时。

椰浆

椰浆比椰奶更浓稠，更柔滑。椰浆的油脂会在表层形成一层非均质物质，类似全脂奶表层的奶油。椰浆一般是小罐包装，这样可以减少浪费。也可以根据个人口味换用脂肪含量更低的椰奶。

3

如果你使用的是木签，腌制鸡肉的时候，需先将木签放到冷水中浸泡。这样可以防止烤的时候木头燃烧过度。然后开始制作花生酱蘸料。辣椒去籽，粗粗切碎。洋葱、大蒜和柠檬香茅都粗粗切碎。将上述材料同剩下的小茴香粉、糖、1汤匙橄榄油和2汤匙水一起放入食品搅拌机中。

4

将上述食材用搅拌机搅拌成光滑的膏状物。在平底锅中加热剩下的橄榄油，放入搅拌好的调料酱，大火煎4分钟，直至煎出香味。煎的过程中需不断翻动。

5

将花生酱和100毫升水加入平底锅中，持续搅拌。酱料会很快沸腾，并变得浓稠。放入剩下的鱼露调味。置于一旁，同时开始烤鸡肉；如果酱料开始变稠，加入少许热水。

6

鸡肉腌好后，串到钎子上。将钎子放到一个大烤盘上，之间留出空隙。将烤架预热至高温。

7

鸡肉串烤7分钟左右，中间翻动一次，直至鸡肉颜色变得金黄，完全烤熟。烤的时候在鸡肉上淋少许剩下的椰浆或椰奶。上桌前，在鸡肉串上再多淋一些椰浆或椰奶，撒上芫荽，并搭配花生酱作为蘸料。

提前制作

腌制鸡肉时，可以提前制作蘸料。做好后，盖上盖子，放入冰箱保存。使用前，放入平底锅中以小火加热，并加入少许水，因为蘸料冷却时会变稠。

印度风味烤鸡块佐赖达酱，搭配生菜
Chicken Tikka & Raita Lettuce Cups

准备时间：20分钟，30分钟腌制时间另计
烹饪时间：15分钟
6人份

用少许香料轻轻调味，口感清爽，这道健康的轻便小食是印度大餐绝佳的开胃菜。如果喜欢串烧的形式，可以尝试将腌料涂抹在串成串的大块鸡肉或羊肉上。赖达酱（Raita）是一种用酸奶和黄瓜做成的蘸酱，与烤肉搭配食用非常美味。

3瓣蒜
1块拇指大小的鲜姜
½茶匙五香咖喱粉
¼—½茶匙辣椒粉（根据个人口味调整）
半茶匙姜黄粉
1茶匙片状海盐
1汤匙番茄泥
1个酸橙
500克希腊酸奶
6块鸡腿肉，总重约600克
1个红皮洋葱
半根黄瓜
1小把新鲜薄荷或芫荽
2棵小长叶生菜
盐和胡椒

1

大蒜用刀背压碎，姜磨成姜末，放入一个大碗中。加入香料、盐和番茄泥。酸橙挤汁，与200克酸奶一同放入碗中。

2

充分搅拌，做成腌料。将鸡肉切成一口大小的块状，放入腌料中搅拌。常温下放置30分钟，或在冰箱中冷藏4个小时。

3

在此期间，开始制作赖达酱。洋葱细细切碎。黄瓜去皮，去籽，然后擦成粗粗的碎末。薄荷叶或芫荽叶粗粗切碎。将所有这些食材同剩下的300克酸奶搅拌到一起。加盐和胡椒调味。赖达酱可以提前几个小时做好，放入冰箱保存。

4

鸡肉腌好后，将烤架预热至高温，取一个大烤盘，放上烤架或铺上锡纸。将鸡肉从腌料中捞出来放到烤盘上，中间留出空隙。

5

鸡肉烤15分钟，中间翻动一次，直至鸡肉颜色变得金黄，表面焦脆，内部完全熟透。烤的过程中，可以将剩下的腌料浇到鸡肉上面。生菜叶放入大浅盘中，每片叶子上放少许赖达酱，然后放上一块鸡肉。立即上桌享用。

3

4

5

西班牙辣汁土豆香肠
Patatas Bravas with Chorizo

准备时间：20分钟
烹饪时间：40分钟
6人份

辣汁土豆（Patatas Bravas）是一道由马铃薯和番茄酱一同烤制而成的经典西班牙餐前小吃，我的版本加上了煎过的辣香肠，更加酥香美味。食用时搭配橄榄、盐焗杏仁和面包，马上跃升为一道西班牙风味大餐。

1.5千克土豆，例如马里斯·派珀（Maris Piper）土豆
3汤匙淡橄榄油
250克西班牙辣香肠（Chorizo，见第209页的“小贴士”）
3瓣蒜
2枝新鲜百里香
半茶匙辣椒粉，普通辣椒粉或西班牙烟熏辣椒粉皆可
2汤匙干雪莉酒，可选
1罐400克左右的番茄碎
1把新鲜平叶欧芹
200克橄榄（最好是西班牙橄榄）
200克盐焗杏仁
盐和胡椒
脆皮面包，用于搭配食用（可选）

1

2

3

1

将烤箱预热至200℃/400℉/火力6挡。土豆削皮，切成边长3厘米大小的块状。将土豆块放到一个大号烤盘中，浇入1汤匙橄榄油，加盐和胡椒调味，翻拌均匀。烤40分钟。

2

烤制土豆的同时制作调味酱。将辣肠切成块状。中火加热一个大煎锅，然后放入剩下的橄榄油。半分钟后放入辣肠。煎5分钟左右，期间不断翻动，直至辣肠变得金黄，流出大量红油。煎辣肠的时候，将大蒜切成薄片。辣肠煎好后，从锅中盛出来，置于一旁。

西班牙辣香肠

西班牙辣香肠是一种用辣椒和大蒜调味的香肠。辣肠有两种，一种是烹饪用辣肠，跟普通的香肠一样很软；另一种是腌辣肠，很硬很干，同意大利香肠一样可以直接吃；在这道食谱中，两种辣肠可以用，但最好选用烹饪用辣肠。

3

炉灶调至中低火，将煎锅重新放上去，然后放入蒜片和百里香叶。炒1分钟，直至大蒜变软。

4

锅中放入番茄碎和辣椒粉，继续炒1分钟，再倒入干雪莉酒并放入土豆块。小火慢煮10分钟，直至汤汁变得稍微黏稠。加盐和胡椒调味。

5

煮40分钟后，土豆会变黄，变脆。将土豆和辣肠同热酱汁搅拌均匀。欧芹叶粗粗切碎，撒到上面。

6

将做好的土豆辣肠搭配面包、橄榄和杏仁一同上桌食用。

4

5

烤薯皮佐酸奶油
Stuffed Potato Skins with Soured Cream Dip

准备时间：1.5小时
烹饪时间：20分钟
6人份

这是一道上桌后会被立刻抢光的人气小吃。可以根据个人口味用蓝纹奶酪代替切达奶酪。

2汤匙植物油或葵花籽油
6个大的烧烤用土豆，每个225—250克
1茶匙片状海盐
6片干熏培根
200毫升酸奶油
1把细香葱
1把大葱
150克蓝纹奶酪（任何种类都可以）
盐和胡椒

1

2

3

4

1

烤箱预热至200℃/400℉/火力6挡。将1茶匙橄榄油均匀涂抹在土豆表面，然后放到一个大烤盘上。撒上盐。烤1.5小时，直至土豆变黄变脆。中间翻动一次。

2

等待过程中，将培根切成小片。中火加热煎锅，放入2茶匙油。半分钟后，放入培根煎10分钟，期间不断翻炒，直至培根的油流出来，变得金黄焦脆。煎好的培根倒在厨房纸上，吸掉多余的油分。

3

制作蘸料。将酸奶油放入一个碗中。用厨房剪将细香葱剪碎，放入碗中，搅拌均匀。放盐和胡椒调味，然后放入冰箱待用。

4

土豆烤好后，静置使其冷却到不烫手的温度。每个土豆切成两半。用勺子将土豆中间松软的土豆泥挖出来，留下厚约1厘米的薯皮。将每个薯皮部分纵向切成两半。

剩下的土豆

挖出来的土豆，可以压成土豆泥，保存于冰箱中，留待以后使用。

5

将薯皮放到烤盘上，表皮一面朝下。用油刷将剩下的橄榄油涂在薯皮上。放入烤箱烤15分钟，直至薯皮变得焦黄香脆。在烘烤期间，将青葱细细切碎，奶酪切成或压成小块。

6

薯皮烤好后，关掉烤箱，烤架预热至高温。将奶酪和青葱碎撒到薯皮上，最上面放少许培根。

7

将薯皮放到烤架上烤5分钟，直至奶酪熔化，开始冒泡。搭配细香葱蘸料上桌即可。

提前制作

土豆可以提前1天烤好，挖出中间的部分，做成薯皮，然后烤脆。蘸料也可以提前做好并冷藏保存。使用时，将薯皮在烤架上烤几分钟，然后按照上述做法在上面放入奶酪和葱碎。

5

6

周末大餐

COOKING

墨西哥辣肉酱，搭配烤土豆
Chilli Con Carne with Baked Potatoes

准备时间：30分钟
烹饪时间：1.5小时
6人份

随着天气逐渐变冷，人们开始向往温暖的食物——例如墨西哥辣肉酱。可以用肉酱搭配一块香脆的烤土豆，也可以搭配一碗米饭。我们在前面介绍过如何煮出一锅香喷喷的米饭（见第145页）。

2个洋葱
2瓣蒜
2个红辣椒
1汤匙淡橄榄油，再另加1茶匙
500克瘦牛肉馅
半茶匙小茴香粉
半茶匙肉桂粉
半茶匙芫荽籽粉
1—2茶匙辣椒粉，根据个人口味决定用量
1茶匙综合干香草
100毫升红酒
2罐400克番茄碎
2汤匙番茄泥
200毫升牛肉汤
6个较大的土豆
1茶匙片状海盐
1罐400克红芸豆，滤干水分
1块边长2.5厘米的巧克力
盐和胡椒
1把新鲜芫荽，用于上桌时使用
原味浓酸奶或酸奶油，用于搭配食用

1

洋葱和大蒜切薄片，辣椒去籽，切成粗条。小火加热一个大煎锅或耐火砂锅。放入1汤匙油，然后放入蔬菜。

2

蔬菜用小火炒10分钟，直至变软。盛入盘中，用厨房纸将锅擦干净。

3

将火力调大，放入牛肉馅。牛肉馅入锅时应发出嗞嗞的声响，而不是小火慢炖。煎的时候，用木勺将牛肉馅搅散。

4

煎10分钟后，牛肉馅会从粉红变成灰白色，最后变成深棕色。如果一开始煎的时候，牛肉馅中析出水来，可以加大火力，将水蒸发掉，再继续煎炒牛肉。

5

将蔬菜重新放回锅里，然后加入小茴香粉、肉桂粉、芫荽籽粉、辣椒粉和综合香草，搅拌均匀，炒2分钟，炒出香味来。

6

然后倒入酒，放入番茄碎、番茄泥和牛肉汤，搅拌均匀。锅盖盖一部分，小火慢炖1.5小时。

7

炖辣肉酱的同时开始烤土豆。将烤箱预热至200℃/400℉/火力6挡。将1茶匙橄榄油涂到土豆上，放入一个大烤盘上。撒上盐。放入烤箱烤1.5小时，直至土豆变得香脆金黄。烤制过程中翻动一次。

8

辣肉酱的炖煮时间还剩下30分钟时，放入豆子。炖好上桌之前，加入巧克力，使其熔化。加盐和胡椒调味。芫荽粗粗切碎。

辣椒搭配巧克力?

在上桌之前加入少许黑巧克力，可以丰富辣肉酱的滋味，使汤汁的口感更加润滑。选择可可含量较高的巧克力，70%比较适宜。低于这一比例的巧克力放入汤汁中，味道会过甜。另外不要放多了——一小块足矣。

9

烤好的土豆切成两半，将炖好的辣肉酱舀到上面。最上面舀入几勺酸奶或酸奶油，最后撒上芫荽。

香煎鱼排佐欧芹酱
Pan-Fried Fish with Salsa Verde

准备时间：15分钟
烹饪时间：30分钟
6人份

外皮焦香，内里柔嫩的鱼肉，配搭香气浓郁的欧芹酱，一顿简单又美味的晚餐就这样完成了，用来招待客人也完全没有问题。严格按照以下的说明烹饪，鱼肉就不会煎过头——确保开始煎之前，将所有材料都准备好。鱼肉可以选择鲈鱼、海鲷、鳕鱼、牙鳕或任何可持续捕捞的白鱼肉。

1瓣蒜
3条罐装凤尾鱼片，滤干水分
1个无蜡柠檬
1小把新鲜平叶欧芹
1小把新鲜罗勒
1汤匙盐渍刺山柑，滤干水分
3汤匙特级初榨橄榄油
1茶匙片状海盐
1千克新土豆
6块鱼片，去除鱼鳞，保留鱼皮
2汤匙普通面粉
2汤匙葵花籽油或植物油
1汤匙黄油，外加少许用于涂抹土豆表面
盐和胡椒

1

烤箱预热至140℃/275℉/火力1挡。炉灶上放一锅水，加盐，用于烧开之后煮土豆。烧水的同时开始制作欧芹酱。将大蒜和凤尾鱼片粗粗切碎，放到食物处理器中。柠檬皮细细磨碎，汁液挤出来，同欧芹、罗勒叶、刺山柑以及橄榄油一同加入处理器中。

2

将上述食材搅拌成浓稠的鲜绿色酱料。这种酱料可以提前一天做好，盖上保鲜膜，放入冰箱保存。

使用研钵和研杵

在传统做法中，这种调味酱是用研钵和研杵做出来的，凤尾鱼片、大蒜、刺山柑和香草也一同研磨，充分释放其香气。如果你有研钵和研杵，可以尝试用传统的方法，但用食物处理器会更快。

3

水烧开之后，将土豆小心地放进去，煮20分钟。如果用餐刀能够很容易刺入并切开土豆，就说明煮好了。如果仍无法确定，可以捞出一个，切开尝一下。

4

土豆煮好后，开始处理鱼。用厨房纸吸干鱼片上的水分，然后用快刀在每块鱼片上划三刀，撒上大量的盐和胡椒调味。在鱼片上裹一层面粉，然后置于一旁。面粉会形成一层酥脆的外衣，同时也可以将柔嫩的鱼肉同锅的高温隔离开来。

选购鱼片

优质的鲜鱼片肉质紧实，没有强烈的腥气。确保在食用当天购买，也可以购买冰冻的鱼，用之前冷藏解冻即可。

5

准备好盘子，上面铺一些厨房纸，中火加热一个不粘煎锅，加入一半植物油和一半黄油。加热30秒钟后，滑入3块鱼片，鱼皮一面朝下。煎3分钟，期间不要移动鱼肉，直至鱼皮变得酥脆、金黄，鱼肉几乎通体变白。

6

用煎铲小心地将每块鱼片翻面，然后再煎30秒钟。翻面时鱼片不应该粘锅。如果有粘锅的迹象，可以再多煎一会儿；煎熟后，鱼就不会粘锅。煎好后将鱼片盛到盘子里，放入烤箱保温。用厨房纸将锅擦干净，加热剩下的黄油和植物油，继续煎下一组。

7

煮好的土豆滤干水分，表面涂上少许黄油。在煎好的鱼片上舀入一些欧芹酱，土豆放在旁边，即可上桌食用。

4

5

6

7

奶酪焗茄子
Aubergine Parmigiana

准备时间：45分钟
烹饪时间：30分钟
6人份

茄子先在锅中煎软，再覆盖一层浓郁的香料酱，在这道家常菜中，茄子成为真正的主角。酥香的奶酪脆皮与酱料层的组合，更是将一道普通菜肴幻化为滋味醇厚，口感丰富的大餐，而对素食者来说，又是意大利千层面的绝佳替代品。

4个大号茄子，约1.5千克
约100毫升淡橄榄油
2瓣蒜
几枝新鲜牛至，或1茶匙牛至叶碎
1汤匙番茄泥
2罐400克的番茄碎
¼茶匙糖
1小把新鲜罗勒
2片优质白面包，约100克
80克帕玛森奶酪
120克马苏里拉奶酪
盐和胡椒

1

茄子切成5毫米厚的薄片。每片茄子单面刷一些橄榄油。

2

中火加热一个大煎锅。放入几片茄子，涂油的一面朝下。煎5分钟，直至茄子片底面变软，颜色变金黄。在朝上的一面涂橄榄油，然后翻面，继续煎5分钟，直至茄子通体变软。置于一旁，用同样的方法煎好剩下的茄子片。

3

煎茄子的同时开始制作酱料。大蒜切成薄片。中火加热平底锅，放入3汤匙油。放入大蒜，煎1分钟，直至大蒜变软。加入番茄泥、番茄碎、糖和一半的牛至。罗勒撕碎，放入锅中，小火炒10分钟。加盐和胡椒调味。

4

制作顶部的面包屑配料。面包皮弃掉不用，其余部分撕碎，放入食物处理器中。帕玛森奶酪细细磨碎，一半放入面包中。再放入剩下的牛至。

5

启动食物处理器，将混合物搅拌成细碎的面包屑，里面掺有星星点点的绿色牛至。

如果没有食物处理器

如果没有食物处理器，可以将面包磨碎。牛至细细剁碎，然后同面包屑和帕玛森奶酪搅拌到一起。

6

烤箱预热至180℃/350℉/火力4挡。将茄子和番茄泥一层层叠放在烤盘中，按照个人口味在茄子上撒入盐和胡椒调味。

7

马苏里拉奶酪切小片，同剩下的帕玛森奶酪一起撒在茄子番茄泥顶部，然后撒入面包屑，浇入少许油。

8

放入烤箱烤30分钟，直至奶酪变得金黄，开始冒泡。出炉后静置10分钟使其凝固，即可上桌。

提前制作

这道菜可以提前制作，完成步骤7后，将半成品用保鲜膜盖起来，放入冰箱，可以保存2天。如果冷藏后再烤，要多烤10分钟。在烘烤结束之前，如果顶部的奶酪脆皮已充分上色变得金黄，可以在上面加盖锡纸。

5

6

7

8

红酒烩鸡
Coq au Vin

准备时间：1小时10分钟
烹饪时间：55分钟
6人份

这道菜可以提前一天准备好，用餐前再花一点儿时间就能完成，特别适合用来招待客人。鸡肉在腌料中充分浸泡，味道会充分相互融合，提升香气。如果使用去皮的鸡肉，煎的时间要稍微短一些，酱汁也不会那么浓郁。

18个小洋葱或葱头，大约500克
2个洋葱
1棵芹菜（去掉细茎及叶片）
3个胡萝卜
6片培根
3汤匙淡橄榄油
2瓣蒜
50克普通面粉，外加1汤匙
6个鸡上腿和6个琵琶腿
5汤匙黄油
400毫升浓郁红酒
500毫升鸡汤
300克各种蘑菇，例如小蘑菇或栗蘑
盐和胡椒

1

2

3

4

5

6

1

将小洋葱或葱头放入碗中，倒入滚水，静置5分钟后滤干水分，晾凉。去掉根部，削皮。

2

大洋葱和芹菜均切成薄片。胡萝卜切厚片，培根切成一口大小的片状。中火加热大号耐热锅，加入1汤匙油。锅中放入蔬菜和培根。

3

蔬菜和培根炒10分钟，直至变软。

4

加大火力，不断翻炒10分钟，直至所有食材都炒得焦黄。在此期间，将大蒜压碎，放入锅中炒1分钟。将所有食材盛入碗中。

5

将50克面粉同少许盐和胡椒在食品袋中混合均匀。将鸡腿放入袋子中，封口，充分晃动，使鸡腿表面沾满面粉。

6

往锅中放入1汤匙黄油和1汤匙剩下的橄榄油。放入1/3的鸡肉，煎10分钟，中途翻一次面，直至鸡肉表面变成金黄色。鸡肉在煎制过程中会出水，因此一次不要放太多，如果出水量过大，就达不到干煎的效果。第一组煎好之后，去掉表面多余的油脂，在锅中洒少许水，将锅底的碎屑和汤汁刮到一起，加入盛有蔬菜的碗中。这些汤汁味道非常浓郁。按照同样的方法煎剩下的鸡肉。

7

所有的鸡肉都煎好并盛出来后，锅中倒入红酒，煮5分钟，直至红酒的体积蒸发¼。

8

将所有的鸡肉、蔬菜和汤汁都倒入锅中，再倒入鸡汤（不能完全淹没鸡肉也没有关系）。锅盖虚掩，小火慢煮50分钟。

9

鸡肉变软之后（可以切开一块检查——熟透的鸡肉很容易脱骨），用漏勺将鸡肉和蔬菜从锅中盛出来，放入一个大碗中。将1汤匙面粉与1汤匙黄油混合，搅成细腻的面糊。将面糊放入锅中搅拌均匀，小火煮5分钟，直至调味汁变得细腻有光泽，并渐渐变得浓稠。

10

最后煎蘑菇。将较大的蘑菇对半切开。在煎锅中加热剩下的黄油，黄油起泡后，放入蘑菇。大火煎2—3分钟，直至蘑菇变软，呈金黄色。加盐和胡椒调味。

11

将鸡肉和蔬菜放回锅中，轻轻搅拌，顶部撒上蘑菇，即可上桌。

提前准备

如果提前制作这道菜，可以在完成步骤9后静置冷却，并在冰箱中冷藏2天。食用之前用小火加热，如果需要，可以再加入少许鸡汤或红酒，加热过程中轻轻搅拌。煎好蘑菇，上桌前加入鸡肉中。

7

8

9

10

11
P

奶油鱼肉派
Creamy Fish Pie

准备时间：1小时
烹饪时间：40分钟
6人份

鱼肉派适合气氛轻松的非正式聚会，同时也是一道简单而丰盛的家常菜肴。鱼的种类可以根据季节和地区自由选择（有的人喜欢加入一些三文鱼），可以用莳萝代替平叶欧芹，或根据个人喜好放一些煮鸡蛋。但材料中的烟熏鳕鱼一定要保留；其柔和的烟熏气息可以渗透到调味酱中，形成整道菜的基础味道。如果可以，尽量选择未染色的熏鳕鱼。

1.5千克粉质土豆，例如爱德华国王土豆或马里斯·派珀土豆
1茶匙片状海盐
850毫升全脂奶
300毫升高脂厚奶油
1枝月桂叶
4瓣蒜
1个洋葱
400克烟熏鳕鱼片，最好带皮
600克大块白鱼肉，带鱼皮
80克黄油
50克普通面粉
1粒完整的肉豆蔻，用于磨碎
1小把新鲜莳萝
200克大个去壳生虾
25克帕玛森奶酪
盐和胡椒

1

土豆去皮，分别切成4块。切好的土豆放入一个大号平底锅中，倒入冷水，水量刚好淹没土豆，放盐，煮至沸腾。水开始沸腾之后，调低火力，小火煮15分钟，直至土豆变软。

2

与此同时，开始制作奶油酱。在煎锅中倒入600毫升牛奶和全部的奶油，然后放入月桂叶和大蒜。洋葱切成4块，放入平底锅中。小火加热，然后煮至沸腾。

3

开始出现小泡后，将鱼片倒入牛奶中，鱼皮一面朝下。盖上锅盖，用小火煮5分钟，直至鱼肉开始变色且容易剥落。小心地将鱼肉从锅中捞出来，盛入盘中。关掉火，让香料在牛奶中浸10分钟。

保留鱼皮?

制作这道菜时，最好能够保留鱼肉上的鱼皮，这样可以防止鱼肉煮过头，并保持鱼肉形状完整，便于在后续步骤中掰成大块。

4

在滤锅中滤干土豆的水分，将25克黄油和剩下的牛奶放入煮土豆的锅中，中火加热，直至牛奶开始沸腾，黄油熔化。加入煮熟的土豆，然后关火。

5

用马铃薯捣碎器将土豆捣碎，也可以用薯泥加工器来做。这一步要立即进行，因为只有滚烫的土豆才能做出口感最好最松软的土豆泥。加盐和胡椒调味。

6

中火加热另一个平底锅，放入面粉和剩下的黄油。黄油融化后，将面粉和黄油搅拌均匀。持续搅拌2分钟，直至面粉开始变得金黄。然后将平底锅从炉灶上拿下来。

7

将浸过香料的牛奶过筛，盛入一个容器中，再缓慢地加入面粉黄油糊中，不断搅拌制成酱汁。酱汁一开始会很黏稠，但继续搅拌后会变得顺滑。将平底锅重新放到炉灶上，不断搅拌，直至酱汁再次变得黏稠。

8

放入大量的盐、胡椒和约¼茶匙肉豆蔻粉。将莳萝叶切碎，放入酱汁中搅拌均匀。

9

烤箱预热至180℃/350℉/火力4挡。将鱼片盛到一个大的耐热烤盘中，去掉鱼皮，鱼肉掰成大块。去掉鱼刺。去壳生虾用厨房纸吸干水分，放在鱼肉周围。

10

酱汁浇在鱼肉上，再覆盖一层土豆泥，然后用餐叉抹平。帕玛森奶酪细细磨碎，撒在最上层。完成这一步后，鱼肉派半成品可以冷藏保存2天。

11

在烤箱中烤40分钟，直至表层变得金黄，边上的酱汁开始冒出小泡。烤好后静置10分钟，即可上桌食用。

煮鸡蛋?

如果你喜欢在鱼派中加入鸡蛋，在盛有冷水的平底锅中放入3个中等大小的鸡蛋，将水煮沸。8分钟后，将鸡蛋取出，晾凉后去壳，分别切成4瓣。在步骤9时将其放入鱼派中。

11

咖喱羊肉配香米饭

Lamb & Potato Curry with Fragrant Rice

准备时间：1小时
烹饪时间：2.5小时
6人份

同所有炖菜一样，这道咖喱羊肉如果提前一天做好，食用前再次加热，其味道会变浓郁。提前一晚准备好冷藏起来，第二天小火加热，搭配一碗香气四溢的米饭。前菜如果搭配酸奶烤鸡块和赖达生菜，就立刻升级为一桌名副其实的印度盛宴。

3个洋葱
4瓣蒜
2汤匙植物油
50克黄油
1茶匙片状海盐
1个青辣椒
1小把新鲜芫荽
1大块鲜姜，或3块拇指大小的姜
2茶匙姜粉
2茶匙小茴香粉
2茶匙芫荽籽粉
半茶匙黑胡椒粉
1千克无骨羊肩肉，去除多余脂肪部分，并切成火柴盒大小
2汤匙番茄泥
1罐400克番茄碎
2个中等大小的土豆，约250克

米饭用料

350克印度香米
6—7个小豆蔻荚
2枝肉桂

1 2

3

4

5

1

将烤箱预热至160℃/325℉/火力3挡。洋葱和大蒜切薄片。小火加热一个大而深的砂锅。半分钟后，放入油和一半黄油。黄油开始起泡后，加入⅔的洋葱，全部大蒜以及半茶匙盐。慢慢煎10分钟，间或翻炒一下，直至食材变软，颜色逐渐变为金黄。

2

在此期间，将辣椒去籽，细细切碎，将芫荽的茎细细切碎。姜磨细碎。将上述材料同姜粉、小茴香粉、芫荽籽粉和黑胡椒粉一同加入砂锅中，火稍微调大一些，炒3分钟，期间不断搅拌，直至食材炒得金黄，香味飘散出来。注意不要将香料炒煳了。

3

放入羊肉，搅拌均匀，使肉的表面都沾上香料。炒5分钟，中间偶尔翻动一下，直至羊肉通体都变色。不需要煎至焦黄。

4

加入番茄泥、番茄碎和150毫升水，搅拌均匀。

5

盖上锅盖，留出一条小缝隙，用来散发蒸汽。将砂锅放到预热好的烤箱中，烤2.5小时。锅盖留缝隙可以让酱汁在烤制过程中浓缩，同时又不会过干。烤制咖喱的同时，土豆去皮，切成大块。烤制时间过半时，将土豆放进去。

6

中火加热一个大平底锅，放入剩下的黄油。黄油起泡后，加入剩下的洋葱。煎15分钟，直至洋葱变软，呈金黄色。不断搅拌。

7

烤制时间还剩45分钟时开始做米饭。炒洋葱的同时开始淘米。将米放到筛子中，用冷水反复淘洗，直至洗米水变清。静置一会儿控水。

8

将豆蔻和肉桂放入洋葱中，搅拌一下，然后放入控干水的大米。将米粒与香料搅拌均匀，直至每一粒米表面都裹上黄油。倒入700毫升冷水（或刚好超过大米一个指尖的深度），然后加入半茶匙盐。

9

将水煮沸，中间搅拌一次，水开后盖上锅盖，中火煮10分钟，然后离火，不要打开锅盖，焖15分钟。煮熟的米饭应该没有水分残留。如果还没煮透，可以加少量水，盖上锅盖，小火再加热5分钟，然后离火，焖5分钟。

10

用餐叉将米饭打散，然后重新盖上锅盖，食用前再打开。

11

咖喱煮好之后，将浮在表面上的多余脂肪用勺子舀掉，并加盐和胡椒调味。芫荽叶粗粗切碎，将一部分放到咖喱中搅拌。另外一些撒在咖喱羊肉顶部，搭配米饭上桌，即可食用。

6

7

8

9

10

11

奶酪洋葱派
Cheese & Onion Tart

准备时间：1小时10分钟，50分钟冷藏时间另计
烹饪时间：30分钟
8—10人份（可以分切成10块）

这道精致的奶酪洋葱派制作简单，派皮酥脆，馅料如布丁般滑嫩，是午餐、自助餐和野餐的绝佳选择。如果你不想自己制作饼皮，可以买现成的油酥饼皮。想了解如何制作洛林咸派，请参见第244页的“小贴士”。

4个中号鸡蛋
175克普通面粉，外加少许用于擀制面皮
¼茶匙片状海盐
120克无盐黄油，冷藏或冷冻
3个大洋葱或西班牙洋葱
1汤匙淡橄榄油
150克格鲁耶尔干酪或切达奶酪
300毫升高脂厚奶油
100毫升牛奶
盐和胡椒

1

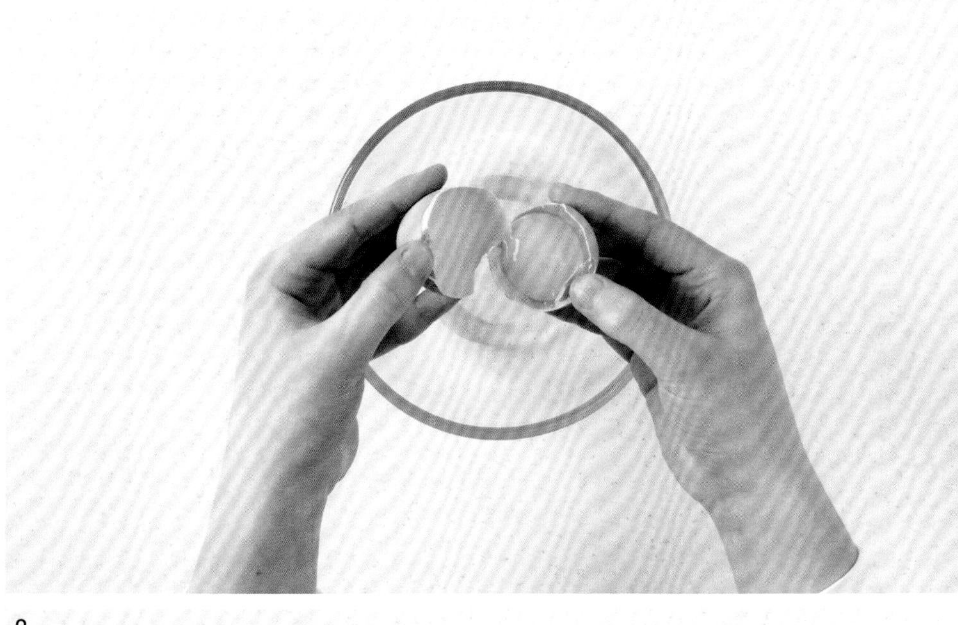

2

3

1

首先制作饼皮。分离蛋黄与蛋白，首先打破蛋壳，轻轻拉开，将蛋黄滑入其中一半的蛋壳中。蛋白倒入碗中。将蛋黄倒入另一个小碗中。

2

蛋黄中加入2茶匙冰水，用餐叉搅拌均匀。在一个大碗中放入面粉，加入盐。将100克冷黄油切成小方块，撒到面粉上。

3

用双手揉搓面粉与黄油。双手从碗中捧起面粉和黄油，用食指和拇指轻轻揉搓，混合后的面粉与黄油颗粒重新落入碗中。重复这个动作，黄油会逐渐融入面粉中。完成后，将混合物放到高处，使其保持凉爽通风。处理完之后，混合物看起来会像细面包屑一样。

用食物处理机制作饼皮

如果使用食物处理机，将黄油和面粉放入搅拌碗搅拌10秒钟，直至混合物看起来变得像细面包屑一样，不再有黄油粒。加入蛋黄液，再搅拌一会儿，直至形成面团。

4

蛋黄液加入盛有黄油面粉的碗中，用餐刀快速搅拌，直至混合物大致成团。

5

用手将面团紧紧压成一团，倒在工作台上，压成扁平的饼状。边缘处需格外注意，如果出现裂缝，用手将其捏平，形成一个平滑的圆饼皮。做好后，用保鲜膜包起来，放入冰箱冷藏至少30分钟，直至面皮变得紧实而不坚硬。

6

冷却饼皮的同时开始制作馅料。洋葱切薄片。小火加热煎锅，放入剩下的黄油和橄榄油。黄油开始起泡时，加入洋葱。

7

洋葱炒制10分钟，直至变软，然后稍微调高火力，炒至洋葱略呈金黄色。炒制过程中要不断翻动，以免粘锅。与此同时，将剩下的鸡蛋打入一个大号量杯或容器中，用餐叉打散。奶酪磨碎。将奶油、牛奶和120克奶酪加入鸡蛋中。加盐和胡椒搅拌。

制作洛林咸派（Quiche Lorraine）

将6片培根煎至金黄，与奶酪一同加入馅料中。就可以做出洛林咸派了。也可以用4大片撕碎的熟火腿代替培根。

4

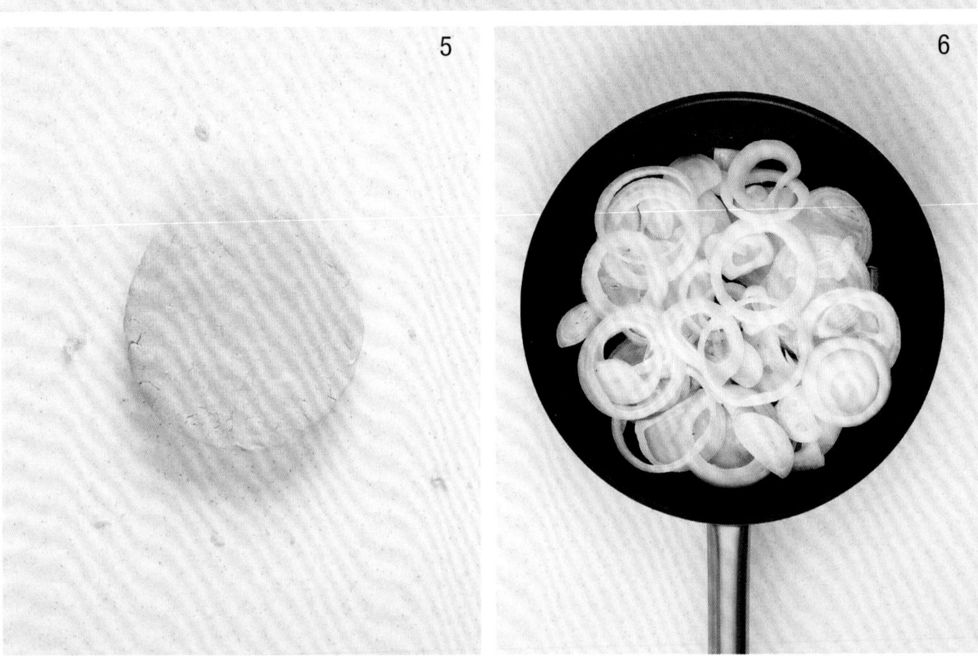
5
6

7

8

在工作台表面和擀面杖上撒一层面粉。准备一个直径23厘米的活底塔模。用擀面杖轻轻擀压面团，然后转动¼。重复这个过程，直至面皮变成大约1厘米厚。这样能让面皮扩展，但又不会变硬。

9

然后开始擀薄面皮。朝一个方向推擀面杖，擀一会儿，将面皮转动45度，直至面皮变得同一英镑的硬币差不多厚。将擀好的面皮搭在擀面杖上，轻轻移至模具中。

10

将面皮轻轻按入模具中，用指节和指尖轻轻按压，使面皮贴紧模具四周。

有孔?

如果面皮有裂缝或出现小孔，不要担心。将一小块多余的面皮沾上水，粘到面皮上，将裂缝补上。

11

用厨房剪剪掉面皮多余的边缘，使面皮与模具高度一致。将模具放到烤盘上，放入冰箱冷藏20分钟，直至面皮变得坚实。将烤架放入烤箱中部，预热至200℃/400℉/火力6挡。

12

撕一张烘焙纸，大小可以完全盖住模具和搭在外面的饼皮。将防油纸揉皱，盖在饼皮上。纸上覆盖一层烘焙豆，边沿处多堆一些，同烤盘一起入烤箱烤15分钟。

烘焙豆

烘焙豆实际上就是一些小陶瓷豆，用来在烤派皮时增加重量，帮助派皮保持最佳造型。陶瓷豆效果最好，但也可以使用鹰嘴豆或大米代替。烘焙豆冷却后，可以重复利用。

13

烤一会儿后，拿掉烘焙纸和烘焙豆。此时饼皮应该为白色，很干，边缘呈金黄色。放回烤箱再烤10分钟，直至饼底开始变成金棕色，出炉。将温度调低至160℃/325℉/火力3挡。

14

将洋葱铺在派皮底部，倒入奶油馅料。确保奶酪分布均匀。将剩下的奶酪撒到顶部。

15

烤30分钟，直至馅料凝固，中间部分略有些晃动。冷却后，将派脱模，分切成小块，即可上桌食用。

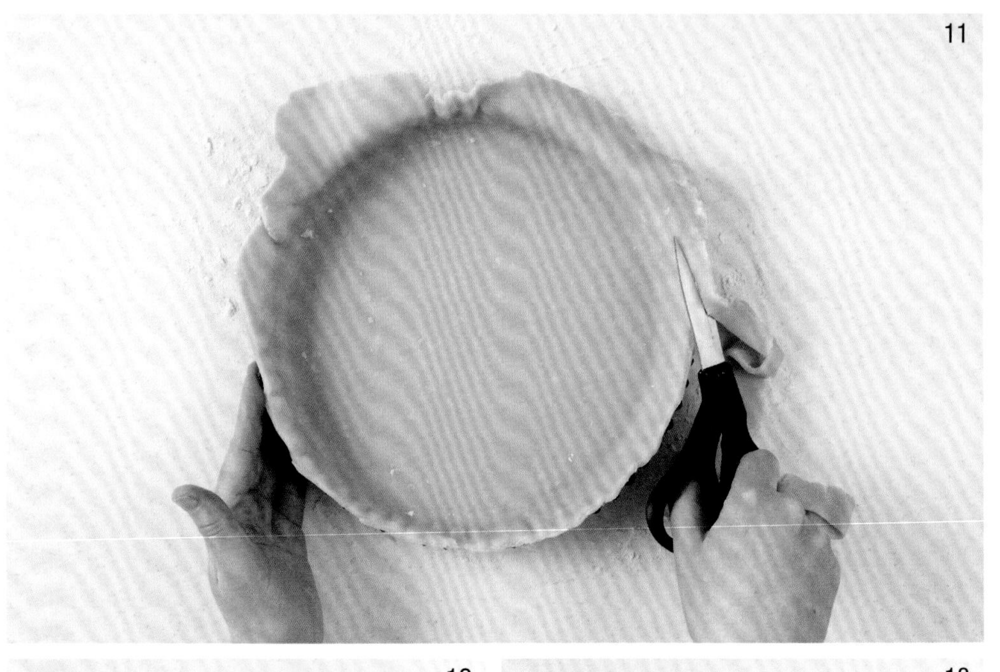
11

12

13

14

15

意大利千层面
Lasagne

准备时间：30分钟
烹饪时间：40分钟
6人份

一盘口感软糯、滋味醇厚的意大利千层面总是令人无限神往。这种菜肴味道香浓，滋味正宗，馅料与其他食材的配比恰到好处。

600毫升牛奶
50克黄油
50克普通面粉
100克帕玛森奶酪
1个完整的肉豆蔻，用于磨碎，可选
120克马苏里拉奶酪
1罐博洛尼亚风味意式番茄牛肉酱
约250克意大利宽面（大约9张，数量主要取决于盘子的形状和面片的大小）
盐和胡椒

1

制作奶酪酱。在一个中号平底锅中放入牛奶和黄油。筛入面粉，中火加热平底锅。用打蛋器持续搅拌5分钟，直至酱料沸腾，开始变得黏稠光滑。用这种多合一的方法制作白酱汁快速且简便，但面粉往往无法充分溶解。如果酱汁有结块，将酱汁筛入另一个平底锅中，再用搅拌器搅拌至顺滑黏稠。

2

帕玛森奶酪磨碎，¼茶匙肉豆蔻细细磨碎。将⅔的帕玛森奶酪放到酱汁中搅拌。加盐、胡椒以及肉豆蔻调味。将马苏里拉奶酪撕成较小的片状，留待稍后使用。

在烹饪中使用马苏里拉奶酪

选取价格适中的马苏里拉奶酪来烹饪。过于便宜的品牌口感会太硬，质量最上乘的水牛芝士则适合用在沙拉中，或者直接食用。

3

烤箱预热至180℃/350℉/火力4挡。开始向一个大号的瓷烤盘中放入千层面原料。先铺一层番茄肉酱，然后舀入少许奶酪酱。

4

铺一层宽面，如果需要可以掰掉盘子外多余的宽面。现在开始层层叠放，先是番茄肉酱，其次是奶酪酱，然后是宽面。确保最上面一层是奶酪酱。最后要留出足够的奶酪酱，将顶部完全盖住。

选择合适的宽面

这份食谱选用的是干宽面，使用前不需要用水煮。如果不确定的话，可以参考包装背后的说明。

5

将剩下的帕玛森奶酪和马苏里拉奶酪撒在最上面。

6

放入烤箱烤40分钟，直至千层面表层变成金黄色，馅料开始冒泡。用钎子或小刀穿透千层面来检查中间是否烤熟。如果可以顺利插进去，说明就烤好了。如果不能顺利穿过，而千层面顶部已经烤得金黄了，盖上一层锡纸，放到烤箱中再烤10分钟。烤好后，静置10分钟，即可上桌食用。

提前制作

意式千层面非常适合提前制作，可以将食材铺入烤盘后整体冷冻保存，或冷藏保存3天。如果冷冻，使用前在冰箱中冷藏解冻1天。烘烤时间多加10分钟，顶部烤至金黄后，立即加盖锡纸。

6

柠檬烤鸡配韭葱培根卷
Roast Chicken with Lemon & Leek Stuffing

准备时间：1小时
烹饪时间：1小时50分钟
4—6人份

一份美味烤鸡的诱惑原本已难以抵挡，再配上香脆的培根卷和香浓的肉汁，更是令人欲罢不能。传统搭配一般会选择烤土豆（见第306页）和一碗清炒胡萝卜（见第314页）。这份食谱中的鸡肉也可以换成火鸡。

1只大的净膛散养鸡，约1.8千克
2个无蜡柠檬
1头蒜
几枝新鲜百里香
1汤匙黄油
2个洋葱
3汤匙特级初榨橄榄油，外加少许用于浸润食材
2根韭葱
150克去皮白面包（大约5片）
1把新鲜平叶或卷叶欧芹
1把新鲜鼠尾草
1个中号鸡蛋
6片干腌烟熏培根
1汤匙普通面粉
100毫升干白葡萄酒
300毫升鸡汤
盐和胡椒

1

将烤箱预热至200℃/400℉/火力6挡。如果鸡肉用绳绑着，将绳子解开并扔掉。将整鸡放到一个深烤盘中，鸡胸部位向上，放置妥帖。将柠檬皮磨细碎，置于一旁。柠檬对半切开，其中一半放到鸡肚子里（从两腿中间的洞伸进去）。蒜头整颗对半切开。将半颗蒜、2枝百里香放到鸡肚子里。

2

将鸡腿重新绑到一起：用一根长绳从鸡的背部（贴近烤盘的一面）绕到鸡腿处，交叉一次，将两只鸡腿绑在一起，系一个结。将黄油涂到鸡胸和鸡腿上，撒上盐和胡椒，以及少许百里香叶。最后，将洋葱切成大片，撒在鸡的四周。在所有食材上浇入1汤匙橄榄油。将鸡肉放到烤箱中，烤1.5小时。剩下的大蒜上淋少许油，在鸡肉烤到一半时，加入烤盘中。

3

烤鸡肉的时候，开始制作馅料。将韭葱上面的硬绿叶择掉。将白绿色的部分切成薄圆片。将第二个洋葱切成薄片。小火加热煎锅，加入剩下的橄榄油，放入洋葱和韭葱。盖上锅盖，炒10分钟，不时翻炒一下，直至食材变软。

4

将面包撕成大块，同欧芹和鼠尾草一同放到食物搅拌机中。将剩下的百里香的叶子择下来，也放入搅拌机中。

5

启动搅拌机，搅拌成细碎的香料面包屑。

6

将剩下的一半柠檬榨汁，鸡蛋打入碗中。将面包屑、柠檬皮、柠檬汁和鸡蛋加入炒好的韭葱和洋葱中，搅拌均匀，加盐和胡椒搅拌，制成馅料。静置冷却一会儿。

4

5

6

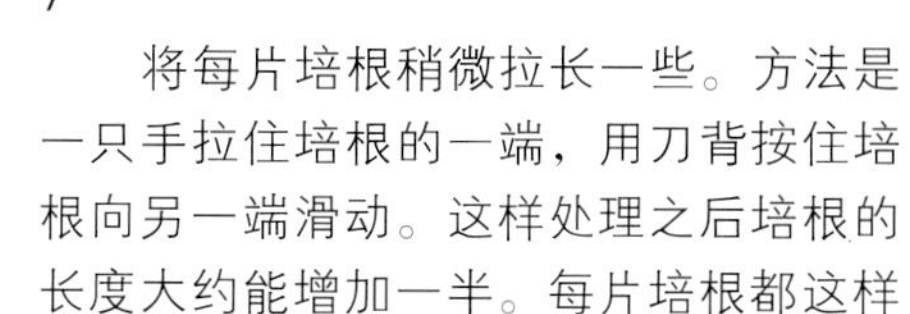

7

将每片培根稍微拉长一些。方法是一只手拉住培根的一端，用刀背按住培根向另一端滑动。这样处理之后培根的长度大约能增加一半。每片培根都这样处理，然后每片切成两段，一共12片。

8

烤盘表面涂少量油。将馅料团成高尔夫大小的球状，然后用培根片包裹起来。将培根卷放到烤盘上，培根收尾的一面朝下，这样烤的时候不会散开。

9

鸡肉烤好后，洋葱和大蒜会焦化，融入烤盘中的油脂和汁液中，形成香浓肉汁的底料。将鸡肉从烤盘中取出，放到砧板或大浅盘中。取出的时候用两把大木勺会较容易操作。将其中一把勺子伸入肉汁中，将鸡肉捞起来，同时用另一把勺子托住侧面。从烤盘中捞出来时，将肉汁控干。静置20—30分钟。鸡肉上面不要覆盖任何东西，以防表皮变软。不要担心，烤鸡不会迅速冷却。将烤箱温度调高至220℃/425℉/火力7挡。将培根卷放到烤箱中，烤20分钟。

是不是烤熟了?

要检查鸡肉是不是烤熟了，可以晃一晃鸡腿——如果鸡腿感觉很松，就说明关节处的肉都烤熟了。然后用钎子插进大腿最厚的部分。拉出来，观察流出的汁液；如果汁液透明，说明鸡肉烤熟了；如果呈粉红色，放回烤箱再烤15分钟，并再次检查。

10

在此期间，开始制作肉汁。将多余的油脂从烤盘中舀出扔掉，然后用小火加热。撒入面粉，持续搅拌加热2分钟，制成浓稠的酱汁，再加入酒，不断搅拌，煮至沸腾，直至形成顺滑而黏稠的酱汁，红酒的味道逐渐散掉。

11

缓缓倒入鸡汤，不断搅拌，直至肉汤变得稀薄、没有结块。持续搅拌，小火慢煮，使肉汤变得浓稠。

12

如果你喜欢，可以将肉汤过筛，筛入温热的罐子中，然后盖上盖子，保持温度。在筛子上按压洋葱，尽量多地收集滤出的汤汁。将鸡肉下面流出的肉汁也放进去。

13

鸡肉搭配培根卷和肉汁一同上桌，别忘了烤软的大蒜，可以在盘子中碾碎，加到肉汁中。

烤火鸡

这份食谱如果用4.5—5.6千克的火鸡制作的话，在火鸡表面涂上4汤匙黄油，覆上锡纸。用190℃/375℉/火力5挡的温度，按每450克烤20分钟计算时间，总用时需再加20分钟。烤制到最后90分钟时，拿掉上面的锡纸。用于做培根卷的食材用量应翻倍，火鸡烤好后静置的同时，烤培根卷。肉汁的数量加倍，注意需将烤鸡时剩下的所有汤汁都加到肉汁中。搭配小红莓果酱和自己喜欢的蔬菜食用。

牧羊人派
Shepherd's Pie

准备时间：45分钟，1.5小时慢煮时间另计
烹饪时间：25分钟
6人份

牧羊人派的内馅是羊肉，农舍派（Cottage pie）的内馅是牛肉——但二者都是经典美食。如果你想尝试一下农舍派，直接用牛肉代替羊肉即可：这两种肉是可以互换的，只是炒牛肉馅的时候需要的油要稍微多一些，因为牛肉比羊肉更瘦。

500克羊肉馅
2个洋葱
2根芹菜
3根胡萝卜
1汤匙淡橄榄油
50克黄油
2汤匙番茄泥
2汤匙伍斯特沙司
少许新鲜百里香
2茶匙第戎芥末酱
500毫升羊肉汤或牛肉汤
1千克粉质土豆，例如爱德华国王土豆或马里斯·派珀土豆
1茶匙片状海盐
200毫升牛奶
1汤匙普通面粉
盐和胡椒

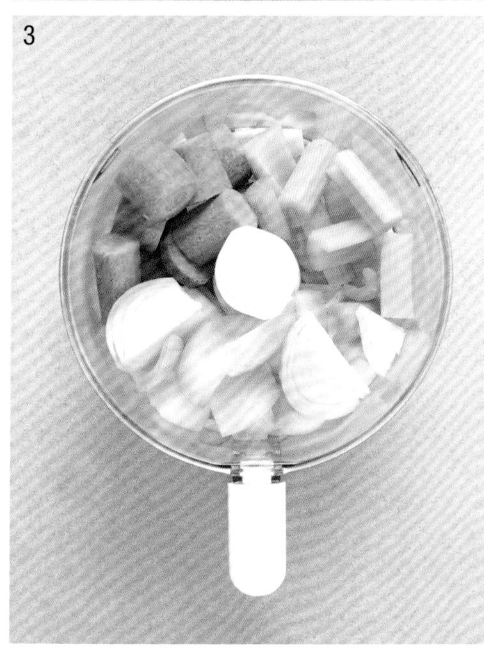

1

大火加热一个大煎锅或浅砂锅，放入肉馅。炒制过程中将肉馅用木勺搅散。

2

10分钟之后，肉馅会由红色变成灰色，转而变为金棕色，水分逐渐蒸发。一开始炒的时候，肉馅可能会出水，但一直保持大火，水就会蒸发。肉馅炒好后，盛入铺有厨房纸的碗中，吸掉多余的油脂。

3

炒肉馅的同时，将洋葱、芹菜和胡萝卜粗粗切碎，并放入食物搅拌机中。

4

启动食物搅拌机，将蔬菜切成细碎的蔬菜末。如果没有搅拌机，也可以手动将蔬菜剁碎，但烹饪时间应适当延长一些。

5

小火加热平底锅，放入橄榄油和一半黄油。黄油开始冒泡时，加入切碎的蔬菜。小火炒10分钟，直至蔬菜变软。

6

将肉馅放回锅中翻炒，加入番茄泥、伍斯特沙司、百里香叶和1茶匙芥末酱。炒1分钟，再加入牛肉汤。持续搅拌，直至煮沸。锅盖半掩，小火慢炖1.5小时，直至肉煮软，肉汁变得浓郁。

7

炖肉的同时，制作顶部的土豆泥。土豆削皮，切成4块。放入一个大平底锅中，放盐，煮至沸腾。煮沸后将火力稍微调低一些，继续煮15分钟，直至土豆变软。

8

将土豆放入滤锅中滤干水分。将剩下的黄油和牛奶放入煮土豆的锅中，中火加热，煮至牛奶沸腾，黄油熔化。放入煮熟的土豆，锅离火。

9

用马铃薯捣碎器将土豆捣成泥，也可以用搅碎机搅打成泥。为达到最佳口感，土豆一定要趁热捣成泥。加入剩下的芥末酱搅拌，然后加盐和胡椒调味。

10

将面粉同2汤匙冷水混合，制成顺滑的面糊，放入肉馅中搅拌均匀。再次将肉馅煮至沸腾，持续搅拌，直至汤汁变得黏稠。烤箱预热至180℃/350℉/火力4挡。

11

将肉馅舀到一个大号烤盘中。将几勺土豆泥均匀铺到肉馅上面（土豆泥无须集中堆放，以防陷入肉馅中）。

12

用餐叉将土豆泥铺开，抹平。将派放入烤箱中烤25分钟，直至土豆变得金黄，烤盘边缘的酱汁开始冒泡。出炉后趁热上桌。搭配奶油青蔬（第330页）极为适宜。

7

8

9

10

11

意式肉酱面
Tagliatelle with Bolognese Sauce

准备时间：40分钟
烹饪时间：1.5小时
6人份

香浓的波隆那风味意式番茄肉酱（Bolognese sauce），味道惊艳，想做好也确实需要一番功夫。这种番茄肉酱通常选用较紧实的部位制成的牛绞肉，因此需要长时间缓慢地烹煮，才能制成酥香软糯的肉酱。为了产生浓郁的肉香，一开始的煎炒非常关键，煎炒必须充分，一定要有耐心。

1汤匙淡橄榄油
500克瘦牛肉馅
2个洋葱
2根芹菜
1根胡萝卜
2瓣大蒜
200克干腌烟熏培根（大约8片），或意大利烟肉
1把新鲜罗勒，或1茶匙综合干香草
2汤匙番茄泥
1片月桂叶
150毫升白葡萄酒
150毫升牛奶
2罐400克的番茄碎
500克干的扁长意大利面（tagliatelle）
盐和胡椒
大块帕玛森奶酪，用于搭配食用

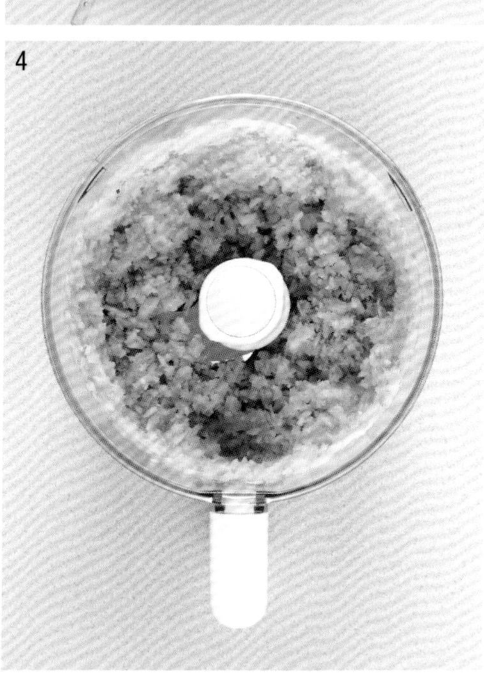

1

大火加热一个大煎锅或砂锅，放入油。半分钟后放入肉馅，大火煎炒，不要小火炖。煎的时候用木勺将肉馅搅散。

2

煎炒10分钟之后，肉馅的颜色会从粉色变成灰色，最后变成金棕色。肉馅一开始会出水，但继续大火翻炒，水分很快会蒸发掉，剩下煎干的肉馅。炒熟后，将肉馅盛入碗中。

3

煎炒肉馅的同时，将洋葱、芹菜、胡萝卜和大蒜粗粗切碎。放入食物搅拌机中。

4

启动搅拌机，将食材切成细碎的蔬菜末。在这一步使用食物搅拌机可以节省大量时间，但如果没有搅拌机，也可以手动剁碎。但稍后炒的时间可能会稍微长一些。

5

培根或烟肉切碎，放入锅中，轻轻煎8—10分钟，直至将肉里面的油都煎出来，培根变得金黄焦脆。煎烟肉的时间比培根要稍微短一些。

6

放入蔬菜，调低火力。继续炒10分钟，直至蔬菜变软。

7

将肉馅倒回锅中，将罗勒叶撕碎放入锅里，或放入综合干香草。加入番茄泥、月桂叶和葡萄酒搅拌，煮沸2分钟，让酱料逐渐收汁。倒入牛奶和番茄碎、100毫升水，放盐和胡椒调味。

8

锅盖半掩，炖1.5小时，直至肉馅酥软，酱汁浓郁。此时可以尝一下咸淡，并根据需要加盐和胡椒。

9

在上桌之前，将意大利面煮10分钟。保留一杯煮面的水，将意大利面滤干水分。将一些帕玛森奶酪细细磨碎。

为什么使用扁长意大利面?

在意大利的博洛尼亚，这种酱汁通常搭配意大利宽面条食用，这样的吃法最正宗。不过如果你喜欢，也可以使用意大利细面（Spaghetti）。

10

将意大利面放入肉酱中，加几汤匙煮面的水，然后翻拌均匀，顶部撒上磨碎的帕玛森奶酪，即可上桌。

提前制作

这种肉酱非常适合提前做好双倍分量，保存于冰箱或冷柜中，食用时搭配意大利面或做成意大利千层面。如果制作的数量翻倍，煎肉馅时需要分批煎。

烤羊腿，搭配迷迭香土豆
Roast Lamb & Rosemary Potatoes

准备时间：30分钟
烹饪时间：2小时10分钟
6人份

不同部位的羊肉所需的烤制时间各不相同，颈部和脊背部位的肉适合烤至半熟食用，腿部的肉质稍硬，因此烤久一些味道会更好。根据肉质不同调整烤制时间，才能烤出鲜嫩多汁的羊肉。如果可能的话，选择部分去骨的羊腿，这样切割会容易得多。

10瓣蒜
1把新鲜迷迭香枝叶
1块2千克部分去骨的羊腿
1根芹菜
1个胡萝卜
1个洋葱
3汤匙淡橄榄油
2千克土豆，例如马里斯·派珀土豆
100毫升上好的红酒
500毫升上好的羊肉汤或牛肉汤
1汤匙红醋栗果酱或蔓越莓酱
盐和胡椒

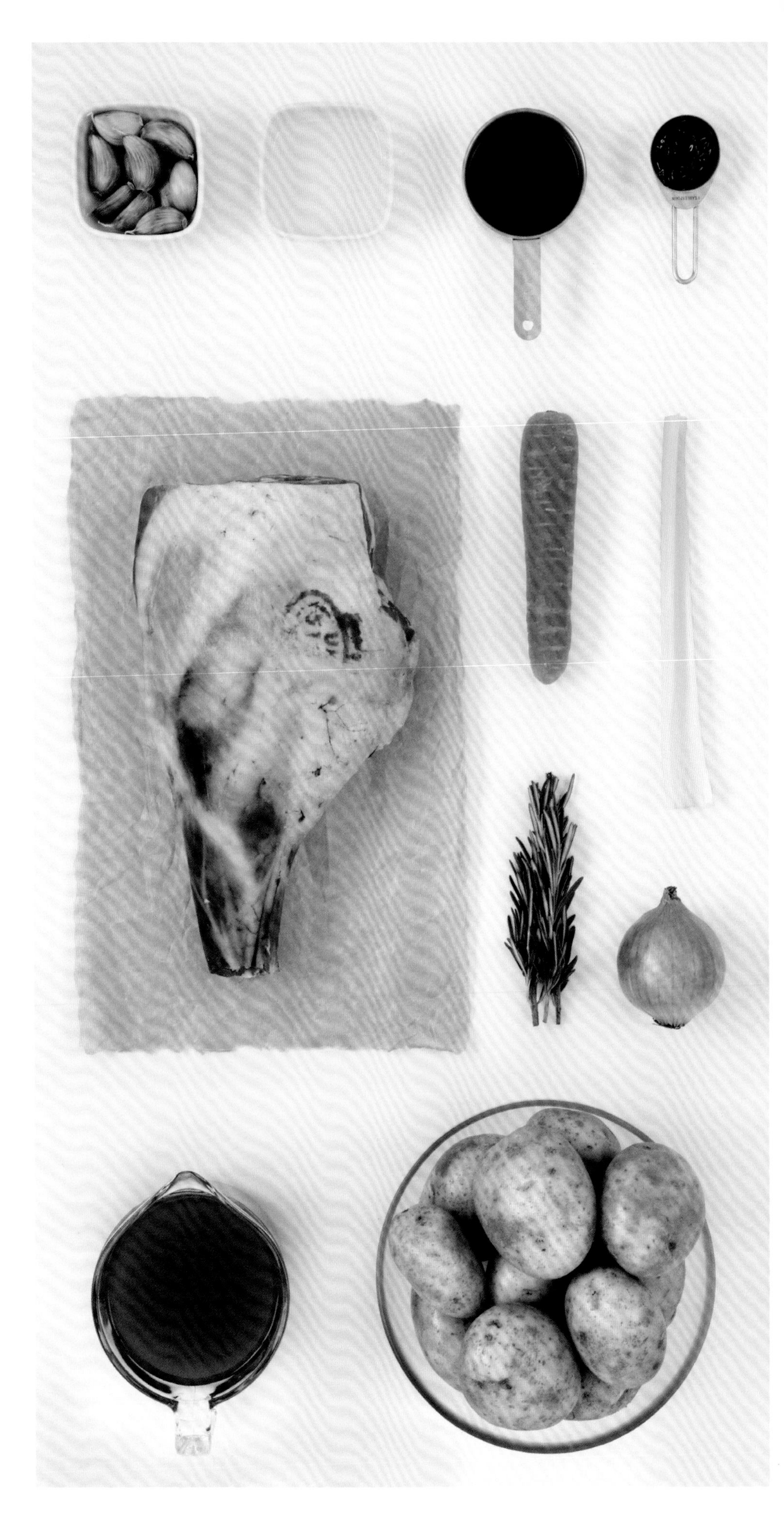

1

2

3

1

烤箱预热至220℃/425℉/火力7挡。将5瓣大蒜切成薄片。择下迷迭香叶子。用一把尖刀在羊腿上戳大约25个孔，每个孔大约切进1.5厘米深。每个孔里塞进一片大蒜和一撮迷迭香叶。撒上盐和胡椒。

2

芹菜、胡萝卜和洋葱切成大块。放入一个深烤盘中。将羊腿放到蔬菜堆中，在羊腿和蔬菜上淋1汤匙橄榄油，放入烤箱中部，烤20分钟。然后将烤箱温度调至190℃/375℉/火力5挡，向羊腿上倒100毫升水，将烤制时间重新设置为1小时。

3

烤羊腿的同时，土豆削皮，切成小块，放到一个烘盘或烤盘上。然后放入剩下的带皮大蒜。将1汤匙切碎的迷迭香，与大量的盐和胡椒一同撒在土豆上。淋入剩下的橄榄油，用手将油均匀涂抹于土豆表面。

4

羊腿烤1个小时后，将土豆放在另一个烤盘上，放入烤箱上层，与羊腿一同再烤30分钟。羊腿周围的蔬菜会变软并焦化。

5

羊腿烤熟之后，从烤箱中拿出来，将温度调至220℃/425℉/火力7挡，土豆再烤20分钟。将羊腿从烤盘中取出，移至砧板上或浅盘中，上面不要盖东西，静置降温。

6

将烤盘中多余的油舀出来，留大概1汤匙的量，然后将烤盘放在炉灶上，用中火加热。放入红酒和留在烤盘中的汤汁，包括盘底的残渣。小火煮沸，将汤汁收至一半，质地变得浓稠，放入红醋栗酱或蔓越莓酱搅拌，制成顺滑的酱汁。加盐调味，不要忘了把所有剩下的肉汁都加进去。

7

将熬好的酱汁滤入罐子中。烤好的羊肉搭配土豆、酱汁和喜欢的蔬菜一同上桌，清炒胡萝卜是个不错的选择（见第314页）。

掌握恰当的烹饪时间

如果买到的羊肉大小与食谱不一样，可以按照下面的说明调整烹饪时间。最开始的20分钟烤箱温度设在220℃/425℉/火力7挡。如果想将羊肉烤成表面金黄，连骨的肉半熟，按照每450克烤20分钟计算（该重量包括骨头）。如果想烤至半熟，按照15分钟计算，烤至全熟则按照25分钟计算。无论什么样的羊肉，都需要解冻至室温后再烤，不要从冰箱中拿出来后直接就烤。

4

5

6

7

地中海炖鱼
Mediterranean Fish Stew

准备时间：30分钟
烹饪时间：40分钟
6人份

在这道美味的炖鱼汤中，海鲜同普罗旺斯的阳光结合到了一起，还萦绕着一丝橙子的清香和些许茴香的气味。搭配大蒜蛋黄酱食用，这是一种传统的蒜味蛋黄酱，适合抹在面包上食用。

2个洋葱
3瓣大蒜
3根芹菜
2个红椒
2汤匙淡橄榄油
1个橙子
1个八角
2片月桂叶
半茶匙干辣椒碎
半汤匙番茄泥
150毫升干白葡萄酒
1罐400克番茄碎罐头
500毫升鱼汤
1千克可持续捕捞的去皮白鱼肉
400克蛤蜊或贻贝
1个大号红尖椒
100克质量上乘的蛋黄酱
200克去壳大虾
1把新鲜平叶欧芹
盐和胡椒
脆皮面包，用于搭配（可选）

1

2

3

1

将洋葱、2瓣蒜和芹菜切薄片，2个红椒去籽，切成粗条。小火加热一个大平底锅，放入油。加入蔬菜，小火炒10分钟，直至炒软但尚未变色。

2

用削皮器削一块橙子皮（最好不要带有白丝）。将橙皮、八角、月桂叶和干辣椒碎放入平底锅中，不要盖锅盖，再炒10分钟，直至蔬菜变得非常软，且稍微变色。

3

将火力调至中火，加入番茄泥拌炒约2分钟，再倒入红酒。煮沸收汁，直至锅底几乎看不到任何红酒。加入番茄碎和鱼汤，炖煮10分钟，直至汤汁稍微变稠。加盐和胡椒调味。

4

炖汤的同时，将鱼肉切成大块。蛤蜊洗净，用贻贝的话需要先去除足丝。如有蛤蜊已经开口，猛敲贝壳，没有立即合上口的都要扔掉，用手颠一颠感觉特别沉的也要扔掉，因为里面可能都是沙子。

5

制作蒜味蛋黄酱，红尖椒去籽，粗粗切碎，剩下的大蒜也粗粗切碎。将蛋黄酱、红尖椒和大蒜放入食物搅拌机中。

6

搅拌混合物，直至红尖椒碎均匀分布于蛋黄酱中。也可以将红尖椒细细切碎，大蒜拍碎，放入蛋黄酱中搅拌均匀。舀到小碗中。

7

将鱼肉和大虾放到鱼汤中。再次加热至沸腾，然后盖上锅盖煮2分钟。放入贻贝或蛤蜊，盖上锅盖，再煮2—4分钟，直至贝壳张开，大虾通体变红。将壳仍闭着的蛤蜊扔掉。放盐和胡椒调味。

8

上桌之前，将欧芹叶粗粗切碎，撒到海鲜汤上面。搭配面包食用。

4

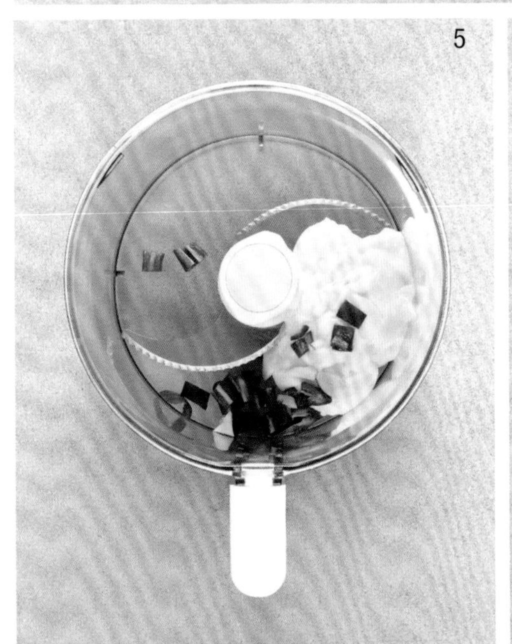
5

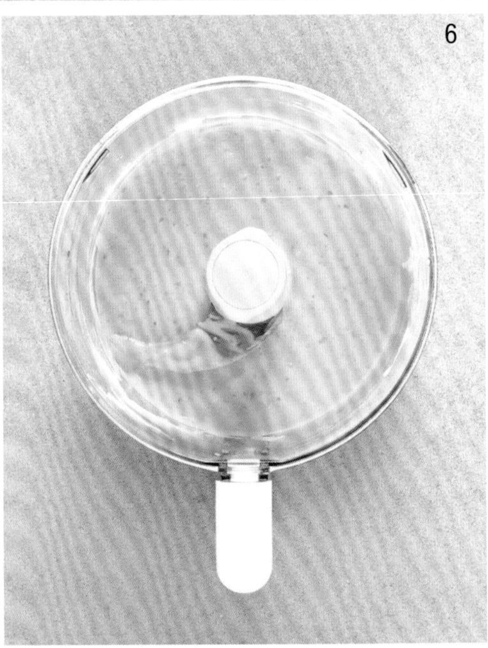
6

7

烤牛肉，搭配约克郡布丁
Roast Beef & Yorkshire Puddings

准备时间：20分钟
烹饪时间：2小时20分钟
6人份

特殊的日子，用一盘烤牛肉来庆祝真是再适合不过了！最好选用以“干式熟成法”*处理21天以上的牛肉，烹饪的手法越简单，肉的品质就越重要。牛肋排是牛身上比较昂贵的部位，也可以用带骨牛里脊代替。

2—3块牛肋骨，总重约2.5千克
120克普通面粉，外加2汤匙
2茶匙英国芥末粉
1½茶匙片状海盐
1茶匙胡椒
1把新鲜百里香枝叶
3个中号鸡蛋
300毫升牛奶
4汤匙葵花籽油或植物油
500毫升上好的牛肉汤
盐和胡椒

*干式熟成法是一种保持牛肉品质与口感最佳的保存方法。新鲜牛肉经过切割后，立即去除杂部并置于无尘环境中。温度恒定在0—1℃之间，湿度控制在75%—80%之间，存放7—24天。在此过程中，牛肉颜色变深，结缔组织软化，同时又由于水分部分蒸发，味道更醇厚。——编者按

1

烤箱预热至220℃/425℉/火力7挡。用厨房纸将牛肉擦干净。将1汤匙面粉、芥末粉、1茶匙盐和胡椒在一个小碗中混合，然后将混合物抹在牛肉表面。

带骨牛肉

最好选用带骨牛肋排，这样做出来的牛肉和肉汁味道更丰富。请商家将脊骨去掉，但保留肋骨。

2

百里香枝叶撒在烤盘中央，然后将牛肉放到上面，脂肪多的一面朝上。

3

将牛肉放入烤箱烤20分钟。20分钟之后，将温度调低至160℃/325℉/火力3挡，烤1小时40分钟，可以烤至三分熟（牛肉内部仍然多汁且呈粉红色）。如果你想烤成其他的熟度，可以参考第278页的时间说明。

烤牛肉的过程中，开始制作布丁。将120克面粉和半茶匙盐在碗中混合，并搅拌均匀。在面粉中央挖出一个洞，鸡蛋打入洞中，并加入1汤匙牛奶。

4

用打蛋器将混合物搅打成黏稠而顺滑的糊状物。如果产生结块，持续搅打将其打散。

5

所有结块消失后，缓慢加入剩下的牛奶继续搅打，制成顺滑而稀薄的糊状物。盛入罐子中，留待后续使用。

6

将烤好的牛肉从烤箱中拿出来，置于一旁，上面松松地盖一层锡纸。静置的过程中，牛肉内部会继续熟成，所以烤的时间不要太长，否则可能会把关节处烤过头。

4

5

6

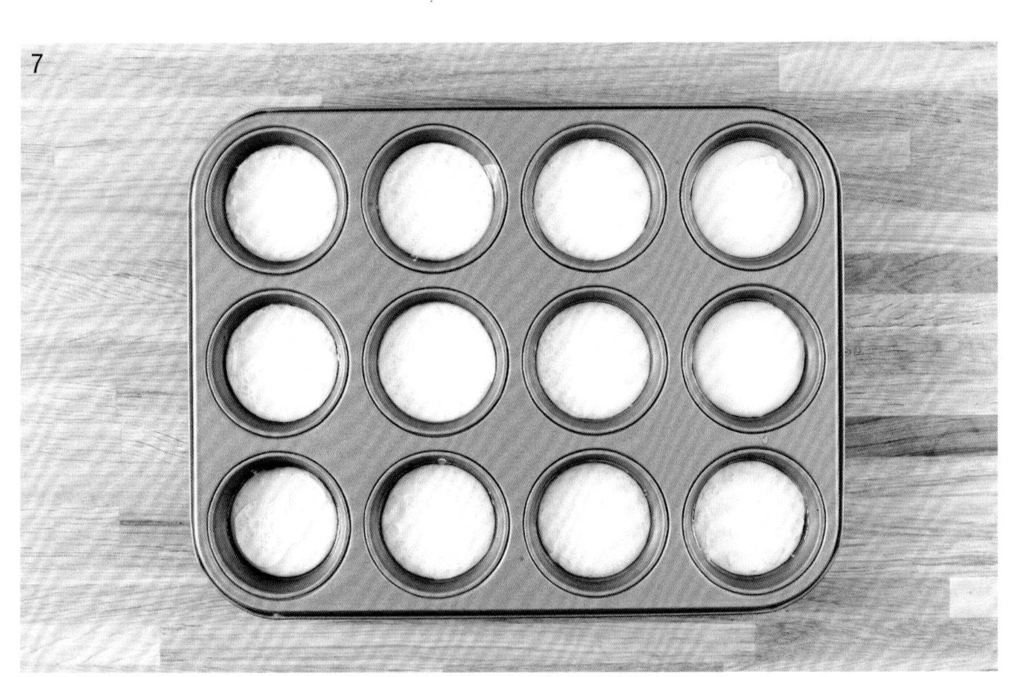

7

静置牛肉期间烤布丁。烤箱温度调高至220℃/425℉/火力7挡。12连不粘麦芬模的每个凹槽倒入1茶匙油，放入烤箱加热10分钟。油热了之后，小心地取出麦芬模。将面糊小心而均匀地倒入油中，这个过程要尽可能快。然后放到烤箱中烤30分钟。烤制过程的前25分钟不要打开烤箱门。

8

烘烤布丁的同时制作肉汁。将牛肉放在砧板上或浅盘中，舀出肉汁中多余的脂肪，只留下1汤匙左右的油脂。这个步骤可以通过倾斜烤盘完成。用中火加热烤盘，加入剩下的面粉。搅拌2分钟，使肉汁变得浓稠。这种方法做出的是传统的厚肉汁。如果你喜欢较稀薄的肉汁，可以不加面粉，直接跳到步骤9。

9

将肉汤逐渐加入烤盘中搅拌，先少量加入，形成顺滑的汤底，再缓慢倒入剩下的汤汁，制成顺滑而稀薄的肉汁。肉汁再次煮沸之后，会变得浓稠。如果没有用面粉，煮几分钟，直至肉汁变得黏稠。将牛肉流出来的汤汁都加进去，加入盐调味，然后滤到罐子中。

10

布丁在烤箱中烤30分钟之后，体积会膨大，颜色变成深金色，质地变得松脆。

11

在切肉之前，可以先将刀子轻轻插到肉和骨头之间，将肋骨去掉。这样切起来会更容易一些。

12

烤牛肉搭配约克郡布丁、肉汁和蔬菜一同上桌，蔬菜可以选择例如烤土豆（见第306页）和奶油青蔬（见第330页）。

掌握恰当的烹饪时间

如果选购的牛肉与食谱分量不相符，可以先称好肉的重量，然后参照下面的时间操作。一开始的20分钟烤箱温度设为220℃/425℉/火力7挡。烤制20分钟后，将烤箱调低至160℃/325℉/火力3挡。烤一分熟的牛排（肉排内部肉质软嫩，颜色发红），每450克增加15分钟。烤三分熟（稍微硬一些，但颜色仍为红色，汁液较多）的牛排，每450克增加18分钟。烤五分熟（中间有一丝红色）的牛排，每450克增加20分钟。烤全熟（不推荐，因为这样肉质会发干）的牛排，每450克增加25分钟。准备入炉烤制的牛排应为常温，至少不能是刚从冰箱中拿出来的。

牛肉的大小和形状各异，所以上述时间仅供参考。为了百分之百确定，可以使用探针式肉类温度计，将探针避开骨头，从肉质最厚的部位刺进去。烤好后，一分熟的牛排温度应为50℃（122℉），三分熟的牛排为55℃（131℉），五分熟的为60℃（140℉），全熟的为70℃（158℉）。牛肉从烤箱中拿出来之后，内部的温度还会继续升高几度，从而完成整个烤制过程。这些温度同样也适用于烤羊肉。

10

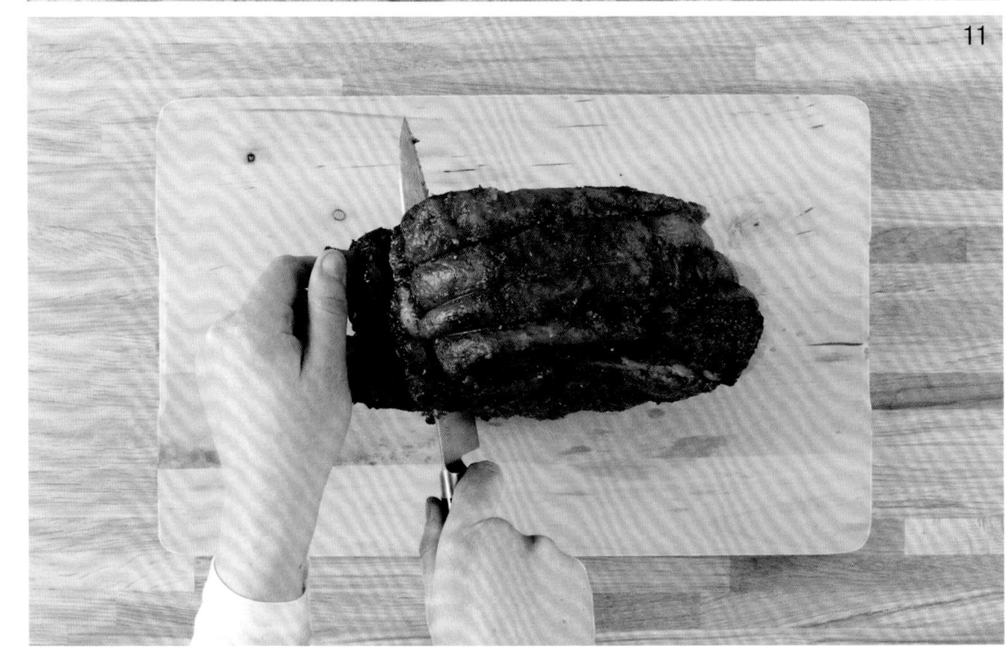
11

西班牙海鲜饭
Paella

准备时间：30分钟
烹饪时间：50分钟
6人份

这道经典的西班牙烩饭非常适合用来招待朋友。海鲜的种类可以按照自己的喜好选择，但大虾、贻贝和鱿鱼（别担心，做起来很简单）的组合，颜色亮丽，口感尤佳。一定要使用最大的锅，因为米饭在煮的过程中会膨胀。

100克西班牙辣香肠（见第209页“小贴士”）
2茶匙淡橄榄油
6块鸡腿肉，总重约500克
2个洋葱
3瓣蒜
2个红辣椒
350克烩饭米或意大利米
1茶匙烟熏辣椒粉或普通辣椒粉
1大撮藏红花丝（约半茶匙）
100毫升白葡萄酒
1升鸡汤或鱼汤
6个洗净的小鱿鱼（可选）
300克贻贝
12个大号的带壳大虾，虾头保留或去掉皆可
1把冻豆子（青豌豆）
1把新鲜平叶欧芹
1个柠檬
盐和胡椒

1

西班牙辣香肠切成薄片。中火加热一个大煎锅或砂锅，倒入油。半分钟后，放入香肠。煎5分钟，直至香肠变得通体金黄，流出红油。将香肠从锅中盛出来，置于一旁。煎香肠的时候，将鸡肉切成一口大小的块状。

2

将鸡肉放入锅中，加盐和胡椒调味，煎5分钟，不时翻面，直至鸡肉变得金黄。

3

煎鸡肉的过程中，将洋葱切薄片，大蒜剁碎。辣椒去籽，切成大块。将洋葱、大蒜和辣椒放到锅中，搅拌，然后轻轻炒10分钟，直至炒软。

4

放入大米，调大火力。充分搅拌，使米粒表面裹上油，然后加入辣椒粉、藏红花丝、葡萄酒、鱼汤，并加盐和胡椒调味。煮20分钟，直至米饭变软。煮的过程中搅拌几次。

烩饭用大米

西班牙厨师使用一种短粳米来制作海鲜饭，这种米看起来同意大利米很像。这种米的包装上要么标有“烩饭专用米”（paella rice），要么标有两种最常见的名称，卡拉斯帕拉米（Calasparra）或邦巴米（Bomba）。如果买不到这种米，也可以使用意大利米（risotto rice）。

5

在此期间，将鱿鱼筒切成较宽的圈状。触须保持完整形状。贻贝洗净，去掉足丝。在工作台上逐一敲一敲开口的贻贝，没有合上口的必须扔掉。

6

大虾放入锅中，浸入汤汁中。盖上锅盖，煮5分钟，然后将鱿鱼、贻贝、豆子和辣肠铺在顶部。盖上锅盖，再煮2分钟，直至贻贝张开口，鱿鱼的颜色从透明变成白色。米饭此时应已吸饱汤汁。

7

将没有张开口的贻贝扔掉。欧芹叶粗粗切碎，撒在海鲜饭上面。上桌时搭配切好的柠檬块，食用时将汁挤进去。

4

5

6

7

鸡肉培根蔬菜派
Chicken, Bacon & Vegetable Pot Pie

准备时间：1.25小时，30分钟冷却时间另计
烹饪时间：20分钟（大号的派需要30分钟）
可以制作6个小派或1个大派

单个的小派很容易操作，不需要像大派一样进行复杂的卷边。搭配简单的炒蔬菜，例如清炒胡萝卜（见第314页），或土豆泥（见第136页），这样就是一道完美的家庭晚餐了。

12块去皮鸡腿肉，总重约1千克
8片干腌熏培根
1汤匙淡橄榄油
2个洋葱
2根芹菜
3根韭葱
几根新鲜的百里香枝叶
1汤匙黄油
200克白蘑菇
2汤匙普通面粉，外加少许擀面时使用
400毫升鸡汤
200毫升低脂鲜奶油
1茶匙第戎芥末酱
1袋500克左右的冷冻松饼，解冻
1个中号鸡蛋
盐和胡椒

1

将鸡腿肉和培根切成一口大小的片状。

2

中火加热一个大煎锅或浅砂锅，放入油。半分钟后，将一半鸡肉和培根放入锅里，加盐和胡椒调味。煎8—10分钟，不断搅拌，直至食材表面全部变成金黄色。用漏勺将煎好的肉和培根盛入盘中，再用同样的方法煎第二组。

买不到鸡腿肉?

现在大多数超市都卖带骨鸡腿。对于这份食谱来说，鸡腿肉比鸡胸肉要更好，因为鸡腿肉可以保持湿润，味道更浓，营养价值也更高。如果买不到鸡腿肉，可以将鸡胸肉切成块状代替。将鸡胸肉煎至表面焦黄，在步骤5中放回锅里，只煮5分钟，直至鸡肉煮熟。

3

煎鸡肉的时候，将洋葱、芹菜和韭葱细细切片。两组鸡肉都煎好之后，放到一边，将蔬菜放入锅中，盖上锅盖，小火焖10分钟左右，直至蔬菜变软。

4

将百里香叶子择下。火力稍微调高一些，然后加入黄油、蘑菇和百里香。炒3分钟左右，期间不断搅拌，直至蘑菇和蔬菜边缘变得焦黄，将鸡肉倒回锅中。

5

煎锅离火，边搅拌边放入面粉。缓慢地倒入鸡汤，鸡肉和蔬菜周围会逐渐形成顺滑的酱汁。小火煮20分钟，直至鸡肉变软。

6

将鲜奶油和芥末加入鸡肉馅料中，搅拌均匀。

7

放盐之前先尝一下味道（培根中已经有大量盐分了）。加胡椒调味。将鸡肉派馅舀到6个单独的派碟中，顶部留出2.5厘米的空隙，防止馅料溢出。静置冷却。

8

工作台表面撒上少许面粉，将饼皮擀成边长45厘米的正方形。分切成6个长方形饼皮，每个饼皮比派碟顶部稍宽一些。鸡蛋同1汤匙水混合，用餐叉打散，制成鸡蛋汁。每个派碟边缘用少许蛋液润湿。将饼皮按到派碟顶部。

9

将蛋液轻轻地刷到饼皮上。用锋利的小刀在每个饼皮顶部划几个口子。完成这一步后，派的半成品可以在冰箱里冷藏2天。

10

烤箱预热至200℃/400℉/火力6挡。将派放到烤板上，入炉烤20分钟，直至饼皮变得金黄，中间的馅料噗噗冒泡。冷藏后未回温直接入炉的派，烤制时间可能会稍微长一些。

提前制作

如果使用现做的饼皮，而非冷冻饼皮制作派，未烘烤半成品冷冻保存最长可达1个月。使用前，在冰箱中冷藏解冻一夜。

制作一个大号的派

将馅料放到一个大号派碟中，盖上饼皮。顶部用小刀划出口子，烤30分钟，直到派皮鼓起，变成金黄色。

6

7

8

9

炖牛肉，搭配香草丸子
Beef Stew with Herb Dumplings

准备时间：45分钟
烹饪时间：2.5—3小时
6人份

这样的食谱就是为冬天准备的。尽量提前一天做好，加热后味道会变得更浓，食用的时候轻轻加热（不要煮沸），然后放入丸子，烘烤至外焦里嫩。丸子虽不是这道菜的核心，却能画龙点睛。

150克普通面粉，外加3汤匙
半茶匙片状海盐
1千克适合炖煨的牛肉，去掉多余的脂肪部分，切成火柴盒大小的块状
3汤匙淡橄榄油
2个洋葱
2根芹菜
5个中等大小的胡萝卜，总重约600克
65克无盐黄油，冷藏
几枝新鲜百里香
1片月桂叶
1汤匙番茄泥
300毫升浓红酒
400毫升上好的牛肉汤
50克浓味切达奶酪
半茶匙发酵粉
5汤匙牛奶
盐和胡椒

1

将3汤匙面粉、盐和少许胡椒在食品袋中混合，然后放入牛肉。摇晃袋子，使牛肉表面均匀沾上面粉和调料。

炖煨用牛肉

包装好的分切牛肉一般都切得过小（而且肉质太瘦），不适合长时间小火慢炖，因此最好买大块的牛肉。在这份食谱中我使用了牛肩肉，不过牛颈肉、牛腿肉、牛胫肉、肋排或普通的牛肉也都可以。

2

中火加热一个大砂锅。放入1汤匙油。将一半牛肉放入锅中，放入之前注意将牛肉片上面多余的面粉抖掉。煎10分钟，中间翻面几次，直至牛肉变成深棕色，外皮焦脆。将煎好的肉盛入碗中，锅中加少许水，刮掉锅底的碎肉末。将带碎肉的汤汁倒入碗中。用厨房纸将锅擦干净，用同样的方法煎好剩下的牛肉。

萃取精华

锅底的碎肉味道非常丰富。锅中加些水，然后将碎肉刮下来，这一过程被成为“萃取”（deglazing），是一种制作美味汤汁的好方法。

3

在此期间，将洋葱和芹菜粗粗切块，胡萝卜切大块。

4

将第二组煎好的牛肉盛入碗中，擦干净锅。加入1汤匙黄油和剩下的橄榄油，然后将洋葱、胡萝卜、芹菜、少许百里香、月桂叶放入锅中，煎10分钟，直至这些食材被炒得金黄。

5

烤箱预热至160℃/325℉/火力3挡。将牛肉和煎汁重新放入锅中，加入番茄泥，倒入红酒和牛肉汤。以汤汁刚好淹没牛肉，最上层的牛肉略微露出为宜。这取决于锅的大小，可根据厨具的尺寸酌情添加牛肉汤或水。小火加热直至沸腾，盖上锅盖，将锅放入烤箱中加热2小时。

6

开始制作丸子。奶酪磨碎。剩下的黄油切成小方块，同剩下的面粉和发酵粉放入碗中。将这些食材搓到一起，双手捧起黄油和面粉，用食指和拇指轻轻揉搓，使黄油与面粉充分混合。混合物看起来应该像是粗面包屑一样。

7

做丸子之前，检查一下炖牛肉的情况。炖好的牛肉应该非常柔软，可以轻易用勺子切开。如果炖好了，或者差不多炖好了，将顶部多余的脂肪舀掉，加盐和胡椒调味。如果还没炖好，再放入烤箱加热30分钟，并再次检查。牛肉炖好以后，开始做丸子。将牛奶、剩下的百里香叶片、奶酪和少许调味料放入面粉混合物中，搅拌均匀，分成12小份，并捏成丸子。

8

将丸子放在炖牛肉的最上层。再将锅放回烤箱中，不要盖盖子，加热30分钟。

9

丸子应该会膨发，变成金黄色，牛肉汤变得浓郁，呈深棕色。搭配蔬菜，例如奶油青蔬（见第330页），以及土豆食用。

5

6

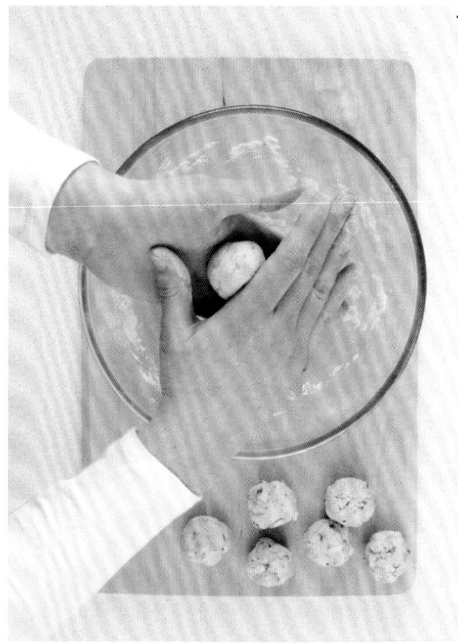

7

8

蟹肉饼佐香醋汁
Crab Cake with Herb Vinaigrette

准备时间：30分钟，30分钟冷藏时间另计
烹饪时间：12分钟
4—6人份（可以制作12个蟹肉饼）

如果不搭配味道浓郁的蛋黄酱，而是试着在上面舀几勺柑橘酱或香草酱，则更能凸显蟹肉饼丰富的滋味。可以将这道菜作为4人宴的主菜，每人3个蟹肉饼，可以搭配一些水煮新土豆，也可以作为6人宴的前菜，每个人2个。

200克质量上乘的白面包
1个绿辣椒
1个无蜡柠檬
1小把新鲜平叶欧芹
2汤匙鲜奶油或酸奶油（确实没有其他选择时，也可以使用蛋黄酱）
2茶匙伍斯特沙司
1茶匙辣椒粉
1个中号鸡蛋
500克白蟹肉和红蟹肉（见第293页“小贴士”）
1茶匙刺山柑
1小把龙蒿叶
1小把新鲜莳萝
3汤匙葵花籽油或植物油
4汤匙特级初榨橄榄油
1个酸橙
1汤匙黄油
100克西洋菜
盐和胡椒

1

面包去掉外皮后撕碎，放入食物处理机中，搅成细细的面包屑。

2

辣椒去籽，细细切碎。柠檬皮细细磨碎，果肉挤汁。欧芹叶子粗粗切碎。将面包屑、鲜奶油或蛋黄酱、柠檬皮和1茶匙柠檬汁、辣椒、欧芹、伍斯特沙司、辣椒粉、鸡蛋和红蟹肉放到一个大碗中。

白蟹肉或红蟹肉?

白蟹肉和红蟹肉混合才能做出完美的蟹肉饼。这两种肉取自螃蟹不同的部位。白蟹肉和红蟹肉的比例保持在4:1比较合适。白蟹肉比较细碎，口感细腻，红蟹肉味道比较浓郁，水分较多。如果你买到了红白混合蟹肉，在步骤2中可以直接放进去。

3

充分搅拌，使各种材料均匀混合到一起。

4

然后加入白蟹肉，轻轻搅拌，后加入白蟹肉是为了保留一些完整的小块蟹肉。

5

将蟹肉馅团成12个等大的小饼。依次放到盘子里或托盘上，放入冰箱中冷藏30分钟，使其质地变硬一些。

提前制作

在蟹肉饼上盖一层保鲜膜，可冷藏保存24小时。

6

冷藏蟹肉饼的时候，开始准备香醋汁。将刺山柑、龙蒿叶和莳萝粗粗切碎，放入碗中，然后加入2汤匙葵花籽油、特级初榨橄榄油和剩下的柠檬汁。酸橙挤汁，加到碗中。放盐和胡椒调味。

7

将烤箱预热至140℃/275℉/火力1挡。中火加热一个大煎锅，加入黄油和葵花籽油各半汤匙。黄油熔化时，放入6块蟹肉饼。煎3分钟，直至底面煎得金黄焦脆。用煎铲小心翻面，继续煎至双面金黄。煎好后，盛到厨房纸上，放入烤箱中保温。用厨房纸将锅擦干净，放入剩下的黄油和葵花籽油，用同样的方法煎第二组。

8

煎好的蟹肉饼搭配调味汁和一把西洋菜，即可上桌。

5

6

7

烤猪排，搭配焦糖苹果
Roast Pork with Caramelized Apples

准备时间：30分钟
烹饪时间：5小时
6人份

猪肩肉（亦称梅花肉）是肉质较好的部位，但需要慢慢烤很长时间，直至肉质绵软，入口即化。肉皮和脂肪的部分都烤得香脆。要实现皮脆肉嫩，首先要选用肉质上乘的散养猪肉，猪皮划开，涂抹大量的盐。

1汤匙淡橄榄油
2千克猪肩肉，肥肉和猪皮划好口子
1茶匙茴香籽
1茶匙片状海盐
1个洋葱
4个烹饪用苹果（口味酸甜的品种为佳）
半个柠檬
几枝新鲜的百里香
3片月桂叶
2汤匙黄油
200毫升干型苹果酒或中干型苹果酒
600毫升鸡汤或猪肉汤
盐和胡椒

1

将烤箱预热至220℃/425℉/火力7挡。大部分油涂抹在猪皮上，茴香籽和盐尽可能均匀地塞到猪皮的缝隙中。将猪肉放到烤盘上，烤45分钟。

2

在此期间，将洋葱切成大片。苹果切成4块，切掉果核，保留果皮。将苹果在柠檬汁中滚一滚，防止变色。

3

烤制45分钟之后，猪皮会开始皱缩。将烤箱温度调低至160℃/325℉/火力3挡，再烤4个小时。烤制时间剩下最后1小时的时候，将洋葱、大部分百里香和月桂叶撒到猪皮周围。

4

猪肉快烤好之后，将苹果同剩下的橄榄油和黄油放到煎锅中。中火加热，轻炒15分钟左右，不时翻动，直至炒软。

5

将烤好的猪肉放到砧板上，上面不要盖东西，晾置一会儿，在此期间开始制作肉汁。舀掉烤盘中多余的油脂，用小火加热烤盘。倒入苹果酒，煮至沸腾，继续煮5分钟收汁，再倒入鸡高汤或猪高汤。继续煮5分钟，直至汤汁看上去有些黏稠，肉味浓郁，加盐和胡椒调味。滤到调味壶或罐子中。

6

完成炒苹果。将火力调高一些，撒入少许百里香叶子，然后再炒2分钟，直至苹果变得金黄有光泽。

7

上桌前，用一把大号的利刀将猪肉切成厚片。如果焦化的部分很难切，可以将其整片从猪肉上切掉，切成小条，再切猪肉。搭配苹果和肉汁，以及枫糖烤冬蔬（见第328页）。

利马豆炖菜佐雪穆拉调味汁，搭配蒸粗麦粉
Butterbean Tagine with Chermoula and Couscous

准备时间：1小时，需提前一天腌渍过夜
烹饪时间：1.25小时
6人份

这道香浓美味的炖菜非常适合素食主义者，作为烤羊肉的配菜也很适宜。干的利马豆需要提前浸泡，也可以用3罐利马豆罐头代替。从步骤3开始，将罐头装利马豆与剩下的蔬菜一同放入锅中。

350克干利马豆
2个洋葱
4瓣大蒜
120毫升橄榄油
5茶匙北非综合香料（ras el hanout）
1罐400克的番茄碎
2汤匙番茄泥
500毫升蔬菜汤或鸡汤，外加300毫升
500克南瓜（如图）或胡桃南瓜（Butternut）
3个小胡瓜
150克西梅干或杏干
2茶匙蜂蜜
1大把芫荽
1个红辣椒
1汤匙熟芝麻
1个无蜡柠檬
400克粗麦粉（couscous）
1汤匙黄油
盐和胡椒

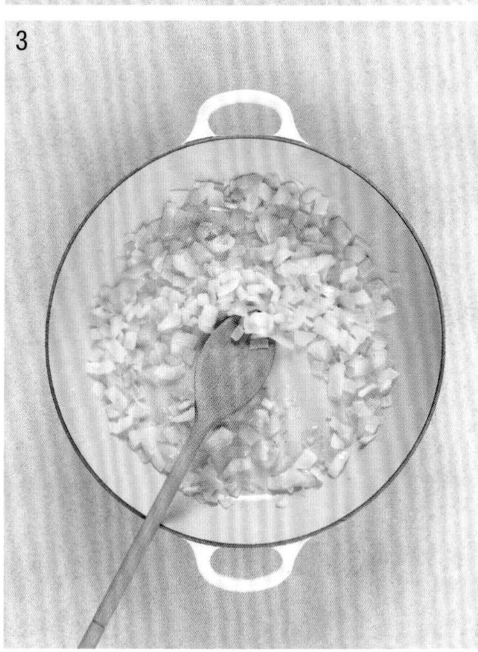

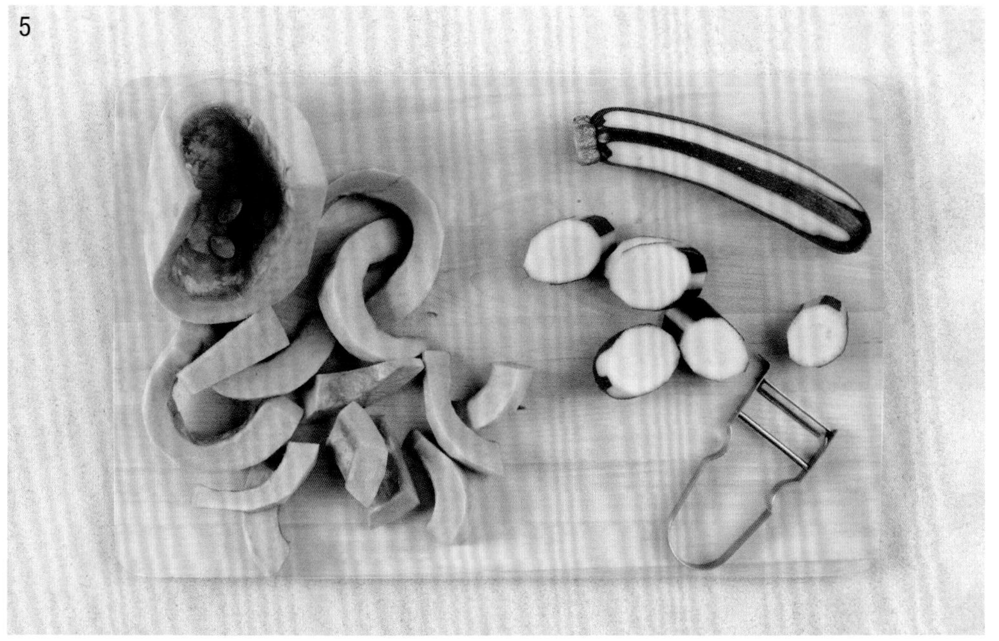

1

将利马豆放入盛有水的大碗中，浸泡整夜。豆子会膨胀至原来的2倍大小。

2

豆子泡好以后，滤干水分，放入大号煎锅中，倒入清水，煮至沸腾。煮50分钟左右，直至豆子软糯但未烂。煮好后，滤干水分。

3

在此期间，将洋葱和3½瓣大蒜粗粗切碎。在大砂锅中加热3汤匙橄榄油，然后加入洋葱和大蒜，小火炒10分钟，直至食材变软。

4

将混合香料加入砂锅中，拌炒2分钟，直至香味散发出来。

什么是北非综合香料?

这是一种经典的摩洛哥混合香料，含有许多味道芬芳的香料，包括肉桂、小茴香、芫荽、蒜、胡椒、姜，甚至干玫瑰花。如果买不到这种香料，可以将这些香料混合起来使用。

5

锅中放入番茄碎，再加入番茄泥、500毫升蔬菜汤或鸡汤，以及滤干水分的利马豆。盖上锅盖，煮至沸腾，小火炖30分钟，将豆子煮至将熟的状态。在此期间，将南瓜削皮，去子，切成大块。小胡瓜削掉部分皮，形成深浅相间的纹路，切厚片。小胡瓜削皮与否均可——深浅相间的外形主要起装饰作用。

6

将小胡瓜、南瓜和干果加入锅中，继续小火炖煮20分钟，直至蔬菜变软，汤汁变得浓稠。加入蜂蜜搅拌。

7

等待的同时，开始制作雪穆拉调味汁，并准备蒸粗麦粉。将芫荽叶子粗粗切碎，放入碗中。辣椒细细切碎，剩下的大蒜压碎，与剩下的橄榄油、大部分芝麻一同加入碗中。柠檬皮磨碎，放入碗中，挤入一半的柠檬汁。加盐和胡椒调味。

什么是雪穆拉（Chermoula）？

雪穆拉含有切碎的新鲜香草、辣椒、大蒜、油和柠檬，通常做调味汁使用。这份食谱中，雪穆拉式的调料被用来淋在食物上做最终调味。

8

制作蒸粗麦粉，将粗麦粉同剩下的柠檬汁在一个大碗中混合均匀，最上面撒上小块的黄油。将剩下的蔬菜汤或鸡汤煮沸，倒入粗麦粉中。用保鲜膜封紧，于一旁静置10分钟。

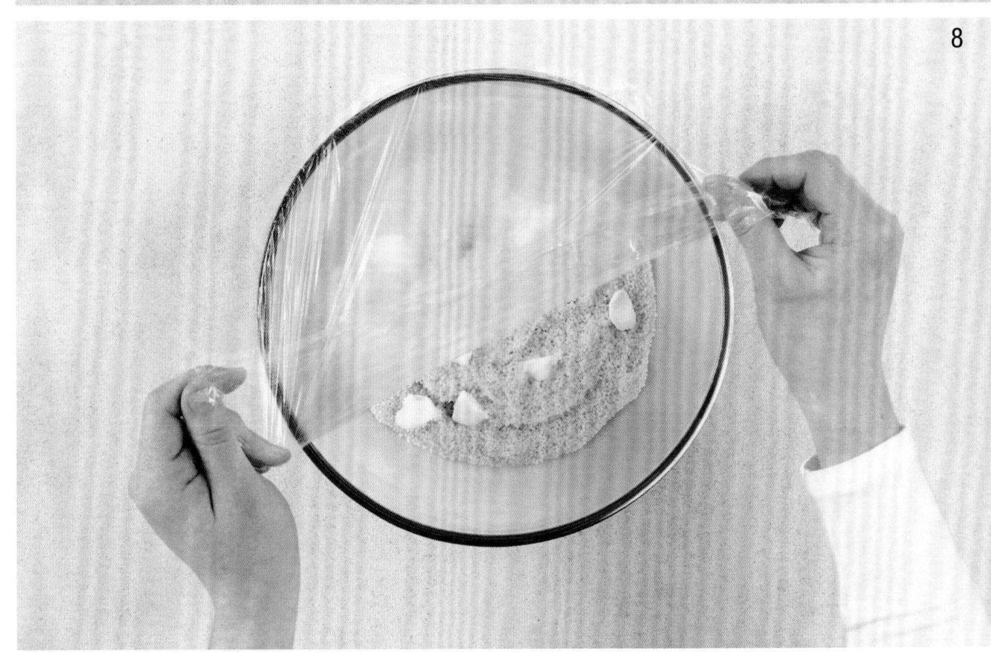

9

10分钟后，取下保鲜膜，用餐叉将粗麦粉搅拌蓬松。加大量盐和胡椒调味，并淋入几汤匙雪穆拉，同利马豆炖菜一同上桌。最后撒入剩下的熟芝麻。

9

配菜

SIDE

DISHES

烤土豆
Roast Potato

准备时间：30分钟
烹饪时间：40—50分钟
6人份

外焦里嫩的烤土豆对于任何烧烤大餐来说都是不可或缺的。制作美味的烤土豆首先要选购质地绵软的土豆，例如爱德华国王土豆（King Edward）。使用鹅油可以增加一种浓香馥郁的味道。当然也可以用其他油代替——但一定要选清淡无味的油，葵花籽油、花生油，或其他清淡的植物油是最佳选择。

2千克中等大小的土豆

100克鹅油或鸭油，或100毫升植物油，葵花籽油或花生油

1½茶匙片状海盐

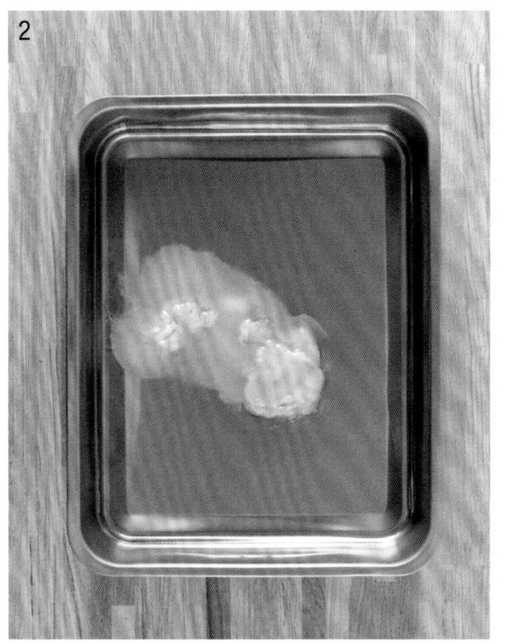

1

将烤箱预热至220℃/425℉/火力7挡。土豆削皮，切成4块，或切成小鸡蛋大小的片状。将土豆放入一个大锅中，倒入冷水，淹没土豆。大火加热，煮至沸腾（大约需要10分钟），加入半茶匙盐，待锅里的水开始滚沸时，火力稍微调低一些，将土豆继续煮2分钟。

2

煮土豆期间，将鹅油或植物油用勺子舀入大烤盘中。将烤盘放到烤箱中加热。

3

将土豆倒入一个滤锅中，充分滤干水分。放置5分钟，蒸汽消失之后，土豆会变得稍微干一些。然后将其重新放回锅中，盖上锅盖，双手紧紧捏住锅和锅盖，用力摇晃，使土豆在锅中翻滚。这能让土豆变得松软一些。

4

小心地从烤箱中取出烤盘，轻轻舀入土豆。将土豆在油中稍微翻动一下，使其表面均匀沾上油脂，然后撒入剩下的盐调味。

5

土豆烤制40分钟，直至其表面变得焦脆，且呈金黄色。烤的过程中翻面一次。具体的烘烤时间取决于土豆块的大小以及土豆的品种，因此如果你觉得烤得还不熟，可以多烤10分钟。烤好之后立即上桌食用。

蔬菜沙拉佐香醋汁
Green Salad with Vinaigrette

准备时间：5分钟
4—6人份（可依就餐人数增加）

只要调对了酱料，最普通的生菜也可以轻松变成美味沙拉。你一旦开始制作自己的香醋调味汁，就再也不会去买现成的了。

1瓣大蒜
2汤匙淡橄榄油
1汤匙特级初榨橄榄油
1汤匙红酒醋或白酒醋
1茶匙第戎芥末酱
1个中等大小的生菜
盐和胡椒

1

大蒜压碎。将大蒜、橄榄油、醋和芥末放到一个小罐子中或带螺旋盖的瓶子中。

2

用餐叉将上述材料搅拌均匀，如果用的是瓶子，将盖子紧紧旋上，然后晃动瓶子，使所有材料混合到一起，直至混合物变得浓稠而光滑。加盐和胡椒调味。

储存调味汁

调味汁可以多做一些，保存在瓶子里，冷藏可保存2周。使用前充分摇晃均匀。

3

将生菜叶择下，放入一个大的沙拉碗中，浇入调味汁。用双手或餐叉将生菜叶翻动数次，确保所有菜叶上都沾满调味汁，然后立即上桌食用。

处理生菜

清洗和去掉生菜叶表面水分的方法：碗中注入冷水，加入生菜叶。轻轻涮洗，然后滤干水分。放到沙拉脱水器中甩干水分，或用干净的毛巾或厨房纸轻轻拭干上面的水分。

蔬菜杂烩
Ratatouille

准备时间：15分钟
烹饪时间：1小时10分钟
4—6人份

蔬菜杂烩作为烤羊肉或其他烤肉的配菜非常适合，可以热食，温食，也可以常温食用。通常是用平底锅在炉灶上炖煮，但这份食谱选用了烤箱烤制的方法，这样做不但可以使蔬菜的味道变得浓郁，也最省时省力，入炉后你就可以去忙其他事情了。

1个红辣椒
1个黄辣椒
2个小胡瓜，总重约300克
2个小茄子，或1个大茄子
3汤匙淡橄榄油
1个洋葱
2瓣大蒜
600克罐装番茄碎（1个大罐和1个小罐）
1把新鲜罗勒叶
盐和胡椒

1

将烤箱预热至200℃/400℉/火力6挡。辣椒去籽，切成大块。小胡瓜切厚块，茄子切成正方形的大块。将蔬菜放入一个大烤盘中，浇上橄榄油，撒上盐和胡椒。搅拌均匀后放入烤箱中烤20分钟。

在此期间，将洋葱和大蒜切成薄片。蔬菜烤20分钟之后，将洋葱和大蒜加进去搅拌。再烤20分钟，直至洋葱变软，蔬菜变成金黄色。

2

将番茄碎加入蔬菜中，将烤盘放回烤箱，再烤10分钟，直至蔬菜边缘开始嗞嗞作响。

3

将罗勒叶撕碎撒到蔬菜上面，加盐和胡椒调味，然后趁热上桌，也可以静置冷却，常温食用。

烤薯角
Chunky Oven Chips

准备时间：10分钟
烹饪时间：40分钟
4人份（可依就餐人数减半或翻倍）

与其去买成包的冷冻薯条，不如拿些土豆来自己做；自己做的更健康，更美味，而且也更经济实惠。

4个大土豆，例如马里斯·派珀土豆，每个约200克
2汤匙葵花籽油或蔬菜油
半茶匙片状海盐或更多，用于调味

1

将烤箱预热至220℃/425℉/火力7挡。土豆不要削皮。每个土豆纵向切成两半，每一半再切成4瓣。将切好的土豆放到烤盘上，最好是不粘烤盘。

2

将油淋在薯角上，然后用手翻动，使薯角表面均匀沾满油。放入烤箱中烤40分钟，中间翻动一次。用锅铲翻动会比较方便。

3

待薯角变得通体金黄，表皮焦脆时，撒上盐。立即上桌食用。

变化形式

如果想做辣味薯角，可以在浇油的时候，往上面撒少许辣椒粉。

清炒胡萝卜
Glazed Carrots

准备时间：10分钟
烹饪时间：15分钟
4—6人份

这种烹饪方法可以让胡萝卜的味道更浓郁，而且相比清水煮熟，炒制的胡萝卜看起来更诱人一些。如果能买到新鲜的迷你胡萝卜，做出来的味道会更好，不过如果使用这种胡萝卜，步骤2中的烹饪时间需缩短。

800克胡萝卜
25克黄油
2茶匙糖
1把新鲜平叶欧芹
盐和胡椒

1

胡萝卜切成1厘米厚的圆片，与黄油、糖和4汤匙水一同放入一个中号平底锅中。大火加热平底锅，直至沸腾。然后将火力调至中挡，盖上密封锅盖，焖煮10分钟。打开锅盖检查，此时胡萝卜应几乎变软了。

2

不盖锅盖再煮5分钟，直至所有的水分都蒸发干净，胡萝卜片表面覆盖一层清亮的油脂。煮的时候应不时搅拌。最后加盐和胡椒调味。

3

欧芹叶粗粗切碎，放入胡萝卜中搅拌均匀。舀入小餐碟中。

换用其他香草

如果你想要用胡萝卜搭配鸡肉，可以在里面加少许切碎的龙蒿叶来代替欧芹叶。如果搭配羊肉，切碎的薄荷是绝佳选择。

凉拌卷心菜
Coleslaw

准备时间：15分钟
4—6人份

这份食谱选用蛋黄酱和酸奶作为酱汁。酱汁虽然味道浓郁，口感顺滑黏稠，但并不会盖住蔬菜的本味。

1个小白卷心菜，约400克
1根胡萝卜
1个红皮洋葱
5汤匙质量上好的蛋黄酱
5汤匙原味酸奶，低脂或全脂均可
1茶匙第戎芥末酱
1茶匙红酒醋
1把新鲜细香葱
盐和胡椒

1

卷心菜对半切开，再各切成4瓣。剥掉最外层的叶子，将每一瓣中央的硬芯切掉。然后切细丝。

2

胡萝卜削皮，粗粗磨碎。洋葱沿纵向切成4瓣，再切细丝。将胡萝卜、洋葱和卷心菜放入碗中，搅拌均匀。

3

将蛋黄酱、酸奶、芥末酱和醋放入一个小碗中搅拌至顺滑。用厨房剪将细香葱剪碎放进去。加盐和胡椒，搅拌均匀。

4

将调味料和蔬菜混合后充分搅拌，使蔬菜上均匀裹满调料。可立即上桌，也可以放入冰箱冷藏24小时。

变化形式

将100克切达奶酪磨碎，加入蔬菜中搅拌均匀，可以做成奶酪卷心菜沙拉。

如果做球茎茴香（fennelbulb）沙拉，用2棵球茎茴香代替卷心菜。

如果做华尔道夫沙拉（Waldorf slaw），则需要加入一些切碎的苹果，一把核桃仁，几颗对半切开的葡萄。如果喜欢芹菜，还可以加入少许切碎的芹菜茎。

蒜香面包
Garlic Bread

准备时间：20分钟
烹饪时间：20分钟
6人份

这道略带复古意味的蒜香面包既不是意大利风味，也不是法式风味，却香气四溢，美味难挡，搭配一大盘意大利千层面或宽面更是令人回味无穷。

1瓣大蒜，如果你喜欢浓郁的蒜香，可以使用2瓣
1小把新鲜平叶欧芹
1小把新鲜罗勒
80克无盐软黄油
1根大号法棍，或2根小号的法棍
盐和胡椒

1

2

3

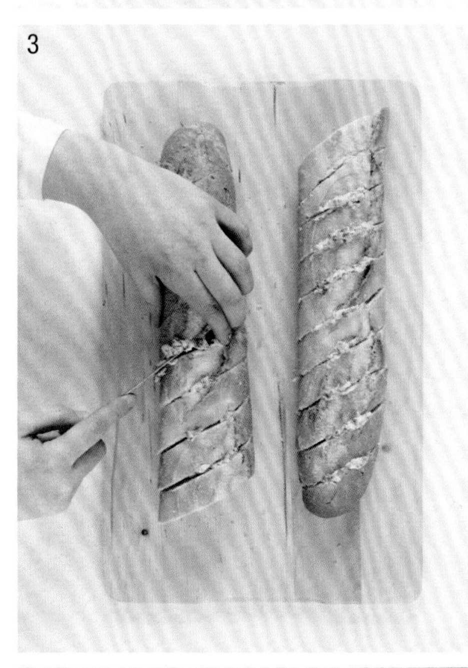

4

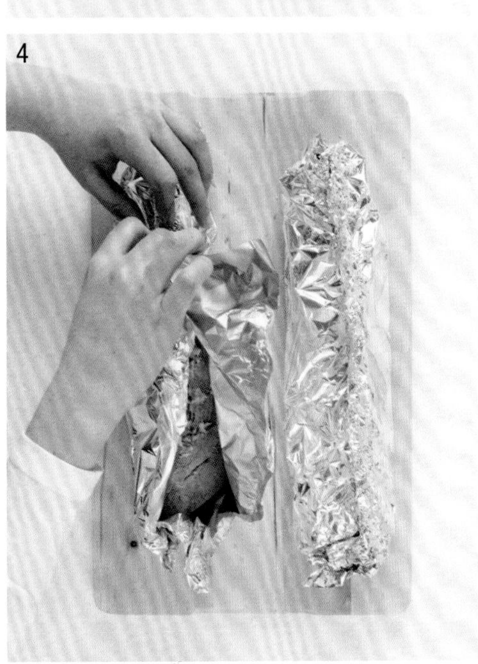

5

1

将烤箱预热至200℃/400℉/火力6挡。大蒜压碎，欧芹和罗勒叶细细切碎。将黄油放入一个小碗中，再加入大蒜、欧芹和罗勒搅拌，加盐和胡椒调味，充分搅拌均匀。

2

如果用的是1根大号法棍，为了便于放入烤箱，可以将其切成两段。用锯齿刀在面包上每隔2.5厘米切一道深深的口子。注意不要切断。

3

用餐刀将大量蒜味黄油填到每个切口中。如果还有剩余，涂抹到面包表面。

4

将面包放到一大张锡纸上。用锡纸将面包完全包裹住。

5

将面包放到烤盘上，入炉烤15分钟。然后用餐刀将每个切口顶部稍稍分开一点儿，再放入烤箱中烤5分钟。顶部的面包皮此时应该焦脆金黄，黄油完全熔化。烤好后，可以直接上桌，也可以切成3片一组再上桌。

香煎奶油焗千层薯饼
Dauphinoise Potatoes

准备时间：25分钟
烹饪时间：1.25小时
6人份

香煎奶油焗千层薯饼制作简单却非常美味，是烤肉或牛排的绝佳配菜。用来招待客人时，可以提前准备好。这道菜味道香浓醇厚却不油腻，也可以依个人口味再多加一些奶油，少放一些牛奶。

400毫升高脂厚奶油

300毫升全脂牛奶

1瓣蒜

1个肉豆蔻，用于磨碎

1.5千克中等大小的粉质土豆，例如爱德华国王土豆

1汤匙黄油

80克格鲁耶尔奶酪（Gruyère）或切达奶酪（Chedder）

盐和胡椒

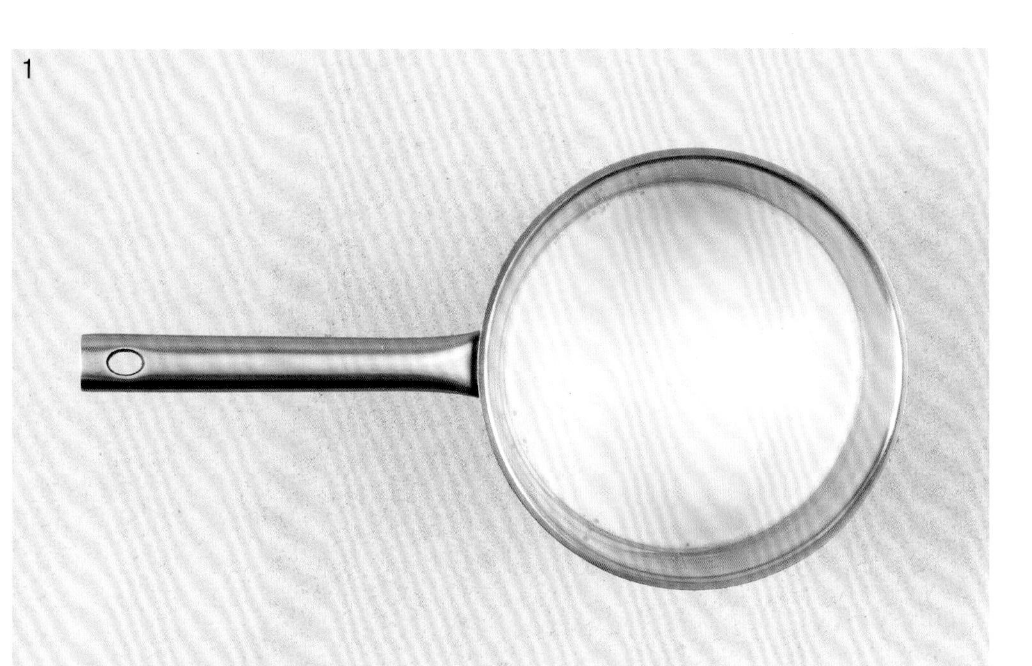

1

将奶油和牛奶放入一个中号平底锅中。大蒜压碎，放入锅中，煮至沸腾。锅的边缘开始冒小泡时，关掉火力。细细磨出¼茶匙肉豆蔻，放入平底锅中，静置浸泡10分钟以上，使其入味。

2

在此期间，土豆削皮，切成硬币厚的片状。如果土豆总是在砧板上滚来滚去，可以先切成两半。将平的一面朝下放置，再切片。

3

烤箱预热至180℃/350℉/火力4挡。将一个大烤碟内壁涂上黄油。在碟子底部铺上一层土豆，然后加盐和胡椒调味。重复这个过程，直至铺完所有土豆。

4

在土豆上倒入奶油。奶油应盖过大部分土豆片，只露出最上面一层。不同尺寸和深度的碟子所需要的奶油量会有区别。如果需要的话，可以多加一些奶油。奶酪磨碎，然后撒在最上面。

5

将土豆放到烤箱中烤1小时，直至顶部变黄，开始冒泡，土豆变软。将刀子插进碟子中心来查看是否烤好了。如果已经烤熟了，刀子应该很容易刺到碟子底部。如果薯饼表面已经上色，但内部还需要再烤一会儿，在碟子上加盖锡纸，继续烤15分钟。烤好后，静置一会儿再上桌。

5

刀豆炒肉
Dressed Green Beans

准备时间：10分钟
烹饪时间：10分钟
4—6人份

如果清煮刀豆或蒸刀豆看起来有些寡淡，可以尝试下面这种简单的方法，不起眼的刀豆摇身一变成为一道特别的配菜，搭配烤鸡简直绝了。可以趁热吃，也可以常温食用。

4片干熏培根
1茶匙淡橄榄油
500克刀豆
半茶匙盐
2个葱头或半个小红皮洋葱
2茶匙颗粒芥末酱
1汤匙红酒醋或白酒醋，或苹果酒醋
盐和胡椒

1

2

1

培根用刀切成小片，或用厨房剪剪成小片。中火加热煎锅，倒入油。半分钟后放入培根。

2

轻轻煎10分钟，直至培根煎得金黄卷曲，脂肪融化，油脂流出来。

3

煎培根的时候，在中号平底锅中加水，煮至沸腾。择掉刀豆茎端，保留细嫩的头部。将刀豆和盐放入沸水中。再次加热至沸腾，持续煮5分钟，直至变软。

4

在此期间，将葱头或洋葱去皮，细细切碎或切薄片。

5

尝一下豆子，看看是否煮到自己喜欢的程度了。然后放入滤锅中滤干水分。将葱头或洋葱、芥末酱和醋放到煎培根的锅中搅拌，再加胡椒和少许盐调味。将刀豆加入锅中。

6

翻搅豆子，直至豆子表面沾满调料，即可上桌。

3

4

5

枫糖烤冬蔬
Maple-Roast Winter Vegetables

准备时间：15分钟
烹饪时间：50分钟
4—6人份

清煮根茎类冬蔬会导致味道和营养流失，用烤箱烤却可以使其味道更浓郁，表皮也会变脆。根芹、番薯、冬南瓜和洋姜都可以很容易用其他蔬菜代替。这是一道非常棒的配菜，可以搭配本书介绍的任何一种烘烤类食物。

1个中等大小的芜菁甘蓝（Swede，亦称瑞典芜菁、洋大头菜），约600克

4个中等大小的防风根（Parsnips，亦称欧洲萝卜），总重约600克

5个中等大小的胡萝卜，总重约600克

4汤匙淡橄榄油

6瓣大蒜

2根新鲜迷迭香

1汤匙枫糖浆或液体蜂蜜，可以根据个人口味酌情增加

盐和胡椒

1

将烤箱预热至220℃/425℉/火力7挡。芜菁甘蓝削皮，防风根和胡萝卜只需简单擦拭一下表面，保留外皮。将所有根类蔬菜都切成约3厘米的块状，放入大号烤盘中（最好选择不粘烤盘）。食材的总量看起来很多，但在烤制过程中会收缩。蔬菜淋上橄榄油，用手涂抹均匀。加大量盐和胡椒调味。放入烤箱烤30分钟，直至蔬菜开始变软。

2

在此期间，将迷迭香上的针叶择下来，细细切碎。将大蒜（不剥皮）和迷迭香放入蔬菜中搅拌均匀。再重新放回烤箱中，继续烤20多分钟，直至蔬菜变软，边缘呈金黄色。蒜皮里面的蒜肉会变软。

3

蔬菜趁热浇入枫糖浆或蜂蜜。立即上桌食用，确保每位的盘子里都有一个蒜瓣，食用时压碎做调味之用。

奶油青蔬
Buttered Green Vegetable

准备时间：5分钟
烹饪时间：8—10分钟
6人份

如果你是纯粹的厨房生手，连最简单的蔬菜菜式也搞不懂，那么把这道菜作为起点吧。这道快手菜可以搭配各种菜式，食材也很容易用其他绿色蔬菜代替。

1棵西兰花
3根韭葱
25克黄油，外加少许，用于上桌时使用
1茶匙橄榄油
300克青豌豆
盐和胡椒

1

2

3

1

锅中加水，煮沸，然后放盐调味。在此期间，将西兰花掰成小块，过长的切成两段。韭葱切成5毫米的小段。

2

在煎锅中加热黄油和橄榄油，放入韭葱。中火加热5分钟，不时拌炒直至将韭葱炒软。

3

在此期间，将西兰花放入沸水中，加热至沸腾，煮2分钟。放入青豌豆，再次煮沸。西兰花会变软，青豌豆会变甜，颜色变亮。煮好后，用滤锅滤干水分。将豌豆和西兰花放入煎锅中，同韭葱片搅拌均匀。可以搭配一小块黄油上桌。

DESSERTS
甜点制作

&
BAKING

苹果派
Apple Pie

准备时间：35分钟，45分钟冷藏时间另计
烹饪时间：40分钟
8人份

用一份自己亲手制作的苹果派来庆祝秋天的到来吧。如果你喜欢，可以在馅料中加入一把黑莓。另外，一定要搭配足量的蛋奶酱（custard）或厚奶油来享用哦。

2块酥皮面团，或2包净重375克的市售油酥皮

1个柠檬

1.5千克酸苹果，例如布瑞本苹果（Braeburn）

50克金色砂糖，外加1汤匙

1汤匙面粉，外加少量擀面时使用

1茶匙肉桂粉（可选）

1个中号鸡蛋（可选）

蛋奶酱、奶油或冰淇淋，用于搭配食用（可选）

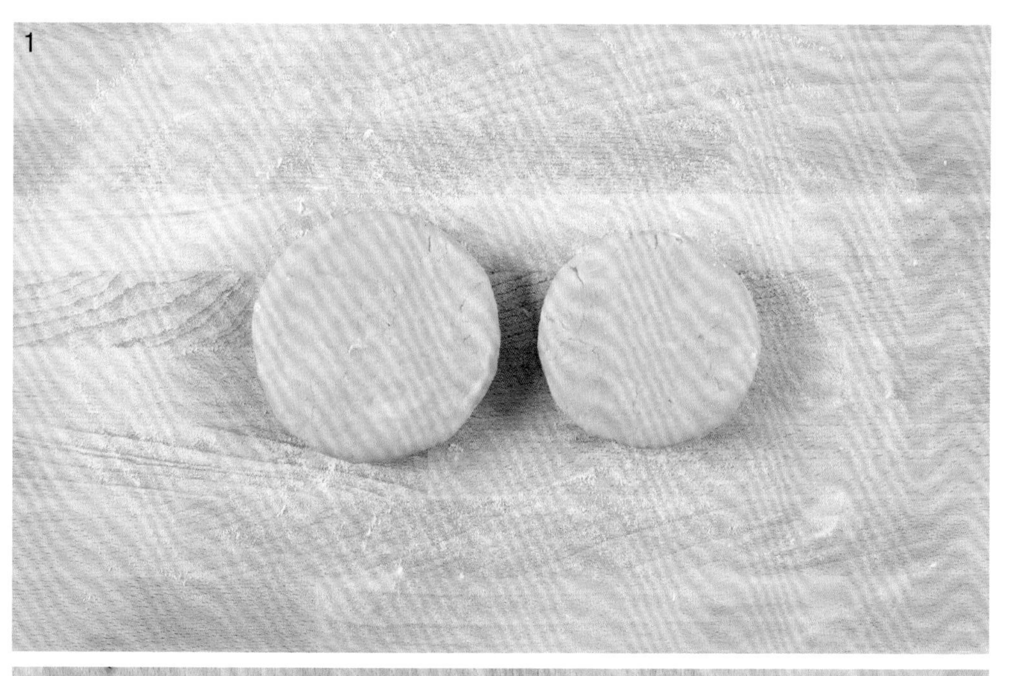

1

将油酥面团揉成2个圆饼状，其中一个比另一个稍微大一些。然后用保鲜膜包起来，放入冰箱冷藏30分钟，直至面团变得结实但不坚硬。如果使用市售的油酥皮，直接使用即可。

2

在此期间，柠檬挤汁，倒入一个大平底锅中。苹果切半，去核，再切成小块，每块2—3厘米厚。一边切，一边将切好的苹果块倒入锅中，裹上柠檬汁。柠檬汁能防止苹果块变色。

3

苹果块切好后，在锅中用小火慢炒5分钟，直至其开始变软，锅底有汁液溢出。用滤锅滤干汤汁，将苹果块倒入碗中，轻轻撒入50克糖、面粉及肉桂粉。静置晾凉。

4

工作台表面及擀面杖上沾少许面粉。用擀面杖在较大的面饼上压出间隔相等的浅凹痕，然后将面饼转动90度，重复这一动作，直至面皮厚度达到1厘米。这个过程能够拉伸饼皮，但不会使其变硬。

5

准备一个直径23厘米的圆派盘。选择那种有沿的烤盘，将饼皮边缘搭在上面。然后开始擀饼皮。沿着一个方向擀，擀几下转动饼皮90度，直至将面皮擀成1元硬币的厚度。用擀面杖将擀好的饼皮托起，移到派盘上。

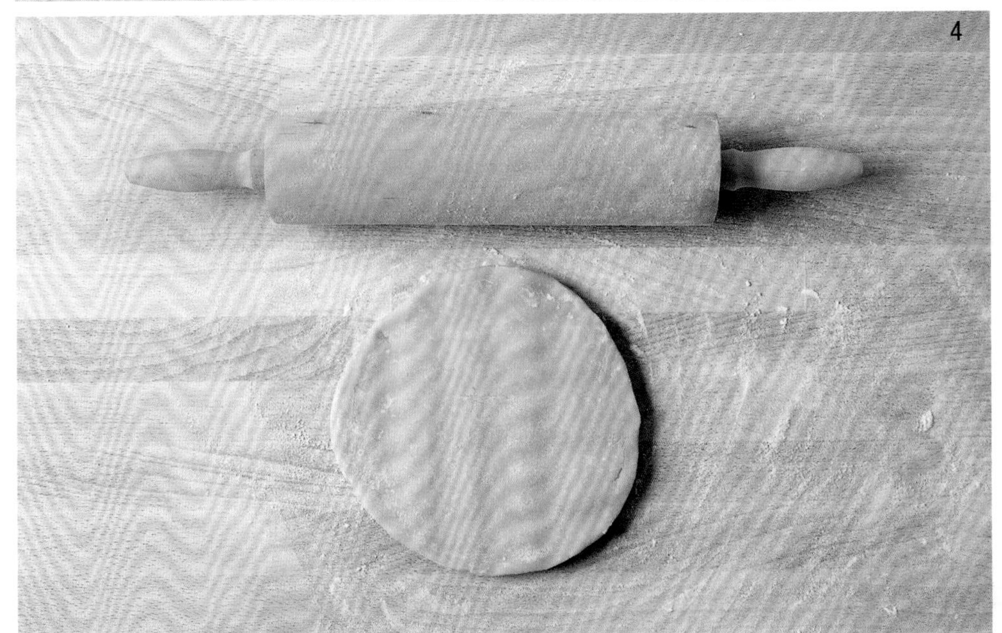

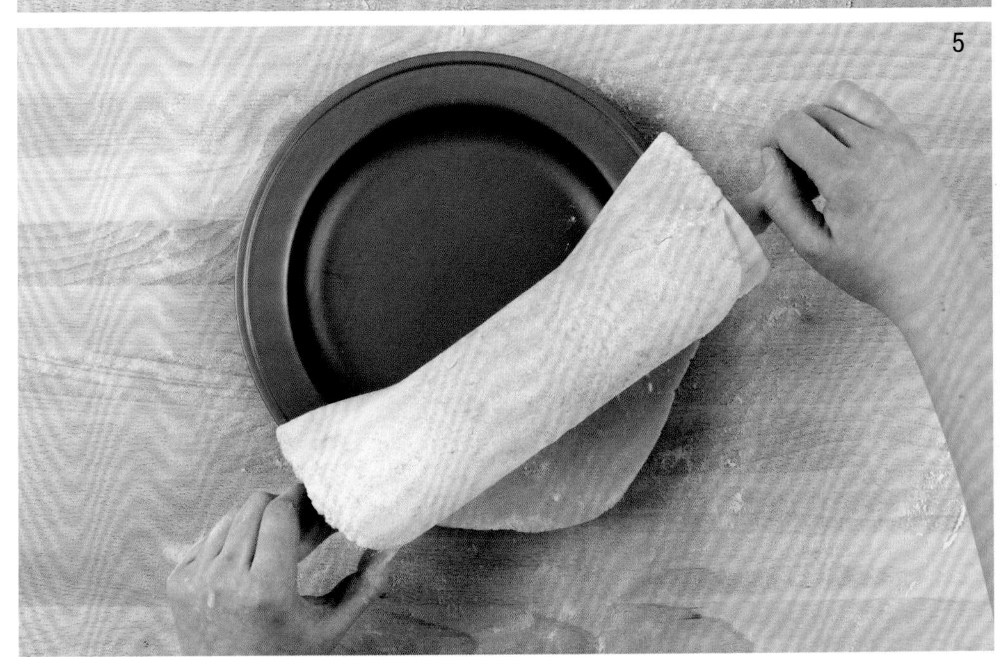

6

如果用的是自己做的面团，此时可以用之前保留的蛋白。如果用市售的油酥皮，此时可以开始分离蛋白和蛋黄，保留蛋白。用餐叉将蛋白稍稍打散。用油刷蘸取一些蛋白，轻轻刷在饼皮边沿上。这样做能帮助上下两层的饼皮粘连到一起。

7

将苹果堆放入饼皮中，形成一个圆形的隆起。

8

按照步骤4和步骤5的方法擀第2张饼皮，大小能够覆盖派顶部即可。擀好后，轻轻覆盖到苹果上面，然后按压边沿，封紧口。

9

用剪子或刀子将多余的饼边剪掉，然后在顶部用刀子划出几道口子，帮助烘烤过程中产生的蒸汽散发出去。

10

如果你喜欢做得有创意一些，可以用拇指按压饼皮边，做出花式图案。也可以用剩余的饼皮切出一些叶形图案，然后用少许蛋白粘到派上。

11

饼皮表面均匀刷上一层薄薄的蛋白液，然后撒上剩下的1汤匙糖。冷藏15分钟（或冷藏过夜）。烤箱预热至190℃/375℉/火力5挡。

12

放入烤箱烤40分钟，或直至饼皮变得通体金黄。烤好后，静置30分钟，使里面的汁液凝固，饼皮变得坚实一些。可以趁温热时上桌，也可以待其冷却后上桌，食用时搭配蛋奶酱、奶油或冰淇淋。

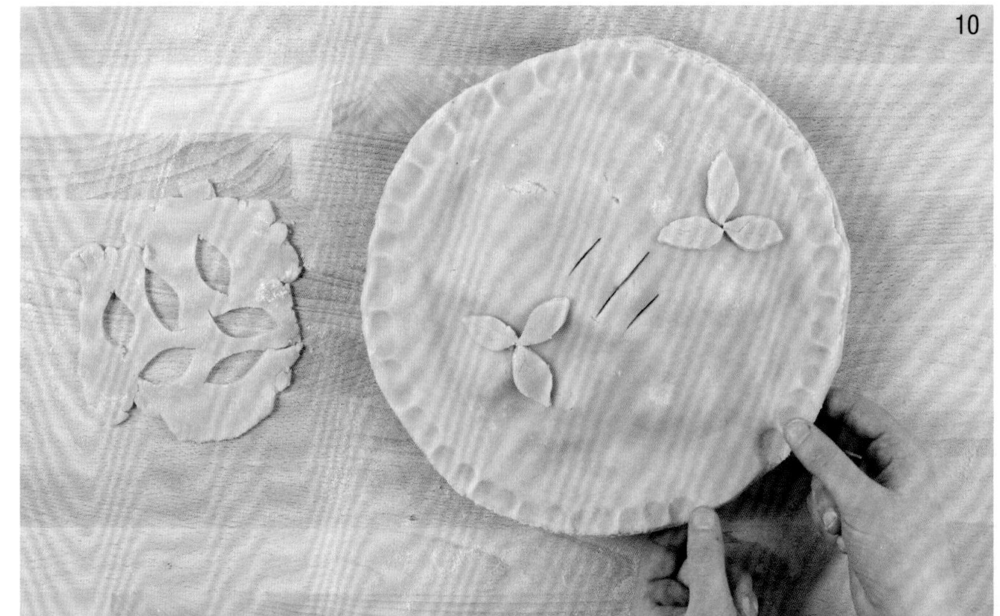

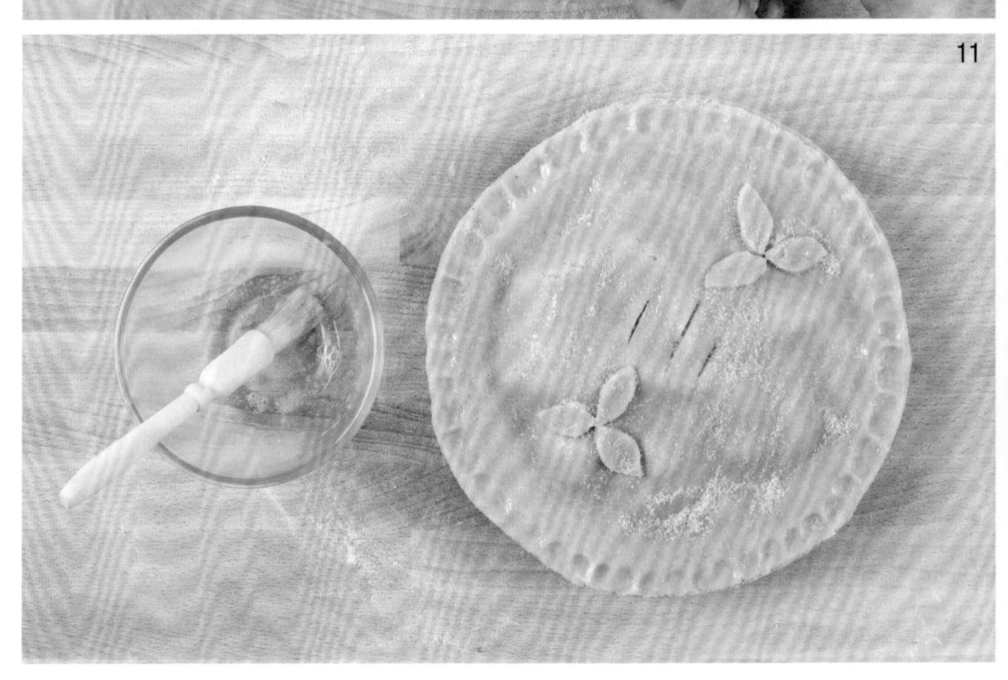

巧克力慕斯杯
Chocolate Pots

准备时间：10分钟，外加10分钟静置时间，以及3小时的冷藏时间
烹饪时间：5分钟
6人份

这些如丝绸一般润滑的巧克力慕斯杯特别适合用来待客，而且很容易制作。为了产生苦甜参半的口感，一定要选择可可含量为70%的巧克力块。这款甜品与甜饼搭配最为美味，例如意大利脆饼。

200克黑巧克力，可可含量为70%
25克无盐黄油
3汤匙现冲特浓咖啡（或1满匙咖啡粉同3汤匙沸水混合）
400毫升高脂厚奶油，外加少许用于搭配食用（可选）
2个中等大小的鸡蛋
意大利脆饼，用于搭配（可选）

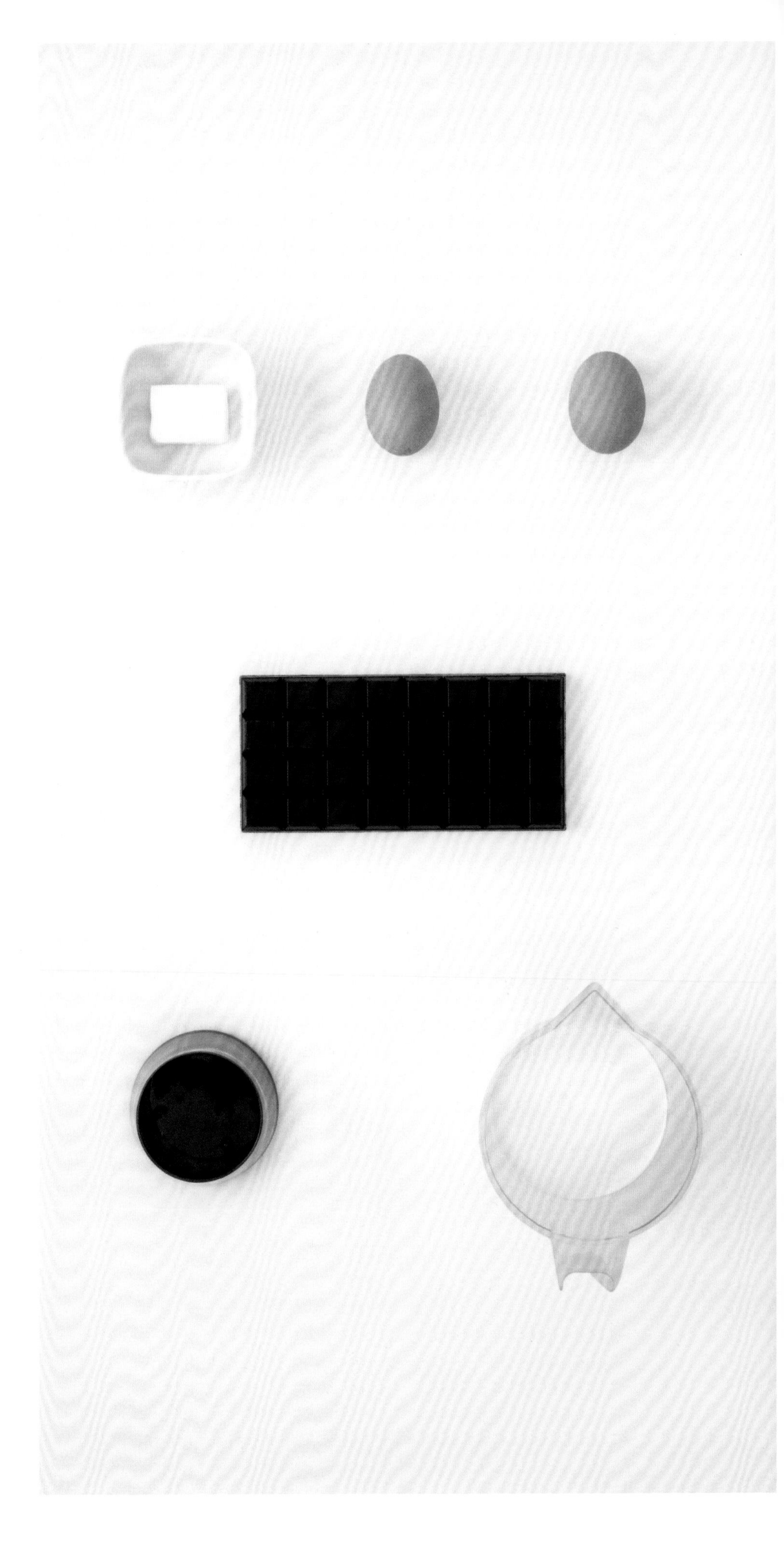

1

2

3

4

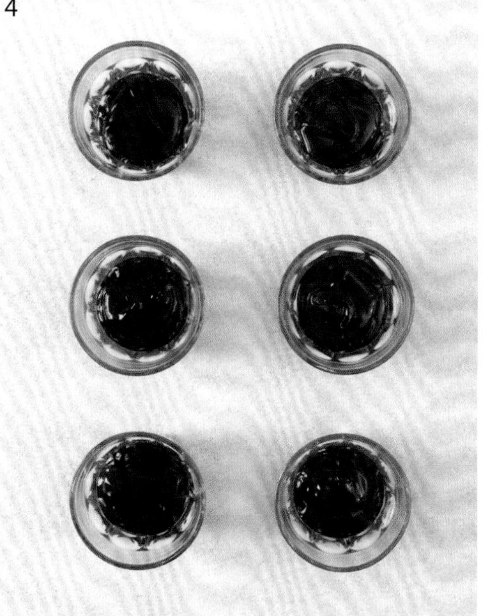

5

1

巧克力掰成小块，放入一个大的耐热碗中。将黄油块撒在上面，再倒入咖啡。

2

将奶油放到一个小锅中，以中火加热，直至锅四周出现小泡，并开始冒热气。密切关注锅中的情况，因为奶油很容易沸腾。将热奶油倒入巧克力和黄油中，静置10分钟。在此期间，将蛋白和蛋黄分离，并用餐叉将蛋黄搅打均匀。

分蛋

在碗沿上轻轻敲破蛋壳，沿裂缝将蛋壳慢慢拉开，蛋黄滑入其中一边的蛋壳中。将蛋白全都倒干净后，再倒出蛋壳中的蛋黄。

3

奶油和巧克力搅拌至顺滑。再加入蛋黄，搅拌均匀。

4

用一把大勺子将巧克力酱舀入6个小杯子或玻璃杯中。放入冰箱冷藏3个小时以上，直至巧克力冷却并凝固。可以提前1天做好，冷藏保存。食用时，提前1小时取出回温，使其稍微软化。

5

可以根据个人口味，在巧克力杯上面倒入少许奶油，即可上桌。

墨西哥酸橙派
Key Lime Pie

准备时间：30分钟，4小时冷藏时间另计
烹饪时间：20分钟
8—10人份

酸橙的清新可口、香甜的奶油，再加上令人欲罢不能的姜味蛋糕底，墨西哥酸橙派绝对让你吃得停不了口。这道甜点非常适合晚餐聚会——看起来美味隆重，其实做起来很简单。

100克无盐黄油，外加少许用于涂层
1包300克左右姜味坚果饼干
8个酸橙
2个中等大小的鸡蛋
1罐397克左右的炼乳
600毫升高脂厚奶油或淡奶油
1汤匙糖粉

1 2

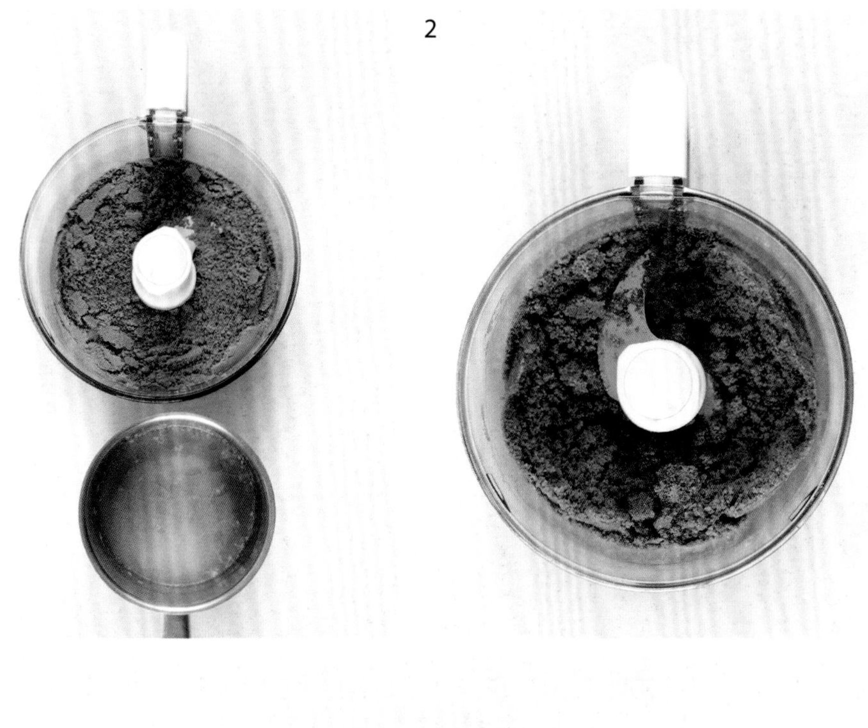

3

4

1

用一小块黄油擦拭一个直径23厘米活底波浪纹挞模的底部和内壁，然后铺上一层烘焙纸。烤箱预热至180℃/350℉/火力4挡。中火加热一个小平底锅。放入黄油使其熔化。饼干掰碎，放入食物搅拌机中，搅拌成细饼干屑。也可以将饼干放到一个大食物袋中，挤出里面的空气，封好口。然后用擀面杖按压，直至饼干被压成颗粒细小的碎屑。

2

将黄油加入饼干屑中，继续搅拌均匀。如果是在袋子中压碎，将碎屑倒入碗中，再倒入熔化的黄油，搅拌均匀。搅拌好后，饼干屑看起来就像潮湿的沙子一样。

3

将黄油饼干屑倒入挞模中，用勺子背面沿挞模底部和挞模边沿抹平，并用力按压，使其各处厚度一致。

4

将挞模放在烤盘上，烤10—15分钟，直至边沿烤成深棕色。

5

在此期间，开始制作馅料。将酸橙皮细细磨碎，保留少许用于之后的装饰，然后将酸橙榨汁：若想使派的口感浓郁，需要150毫升酸橙汁。将酸橙汁、酸橙皮碎屑、鸡蛋、炼乳以及300毫升奶油混合搅拌均匀。

6

将馅料倒在烤好的饼底上。放入烤箱中烤20分钟，直至馅料四周凝固，但中间部分仍然可以轻轻晃动，出炉。彻底冷却后，放入冰箱中冷藏至少4小时，如能冷藏过夜则最为理想。完成这一步后，密封好的派可以在冰箱中冷藏保存2天。食用时在上面覆盖一层奶油即可。

7

用打蛋器或手持电动打蛋器打发剩下的奶油和糖粉，打发至奶油可以从打蛋器上滴垂下来（湿性发泡），刚开始成形即可。

8

将派从挞模中拿出来。放到餐盘中，然后将奶油涂抹到馅料上面，铺的过程中稍微打几个旋。

9

撒入剩下的酸橙皮碎屑，然后上桌即可。

墨西哥酸橙

墨西哥酸橙（Key Lime）是酸橙的一种，个头小巧，味道强烈，盛产于美国南部多个州。

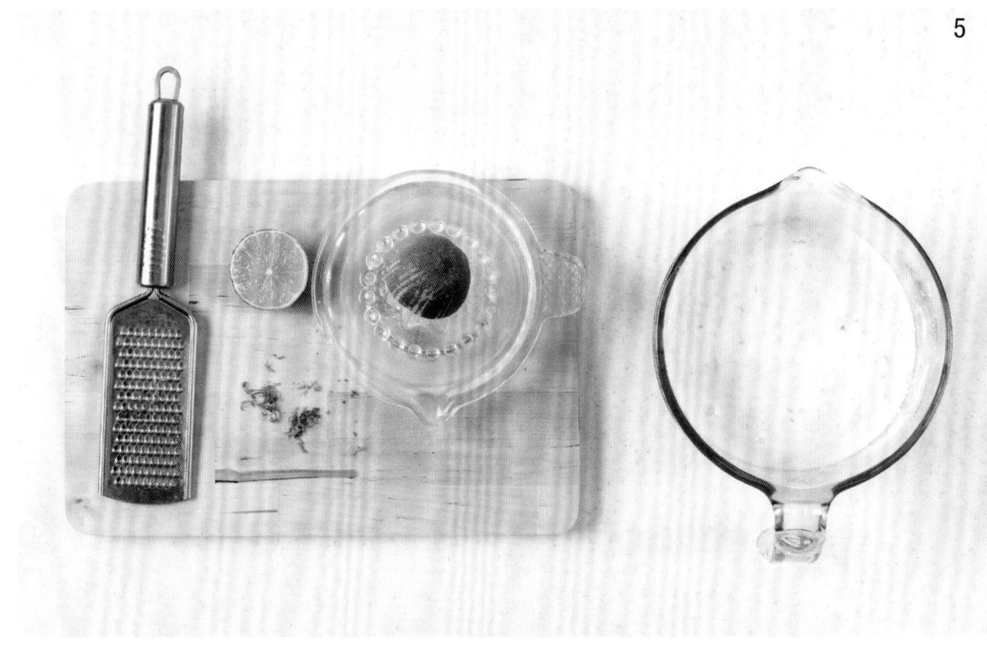

5

6

7

8

9

柠檬蛋糕
Lemon Drizzle Cake

准备时间：20分钟
烹饪时间：45分钟
切成8片

如果你以前没做过蛋糕，那么从这份食谱开始吧。这款柠檬蛋糕滋味甜美，口感轻盈，比你在外面买到的任何蛋糕都要好吃，且做起来一点儿都不费力。湿润的柠檬糖浆成就了其富有特点的外皮，在密封容器中妥善保存，可以保湿数天。

175克无盐软黄油，外加少许用于涂层
2个无蜡柠檬
175克金色砂糖，外加4汤匙，用于浇到蛋糕表面
3个中等大小的鸡蛋
1茶匙香草精
225克自发粉
1茶匙发酵粉
¼茶匙片状海盐
3汤匙牛奶

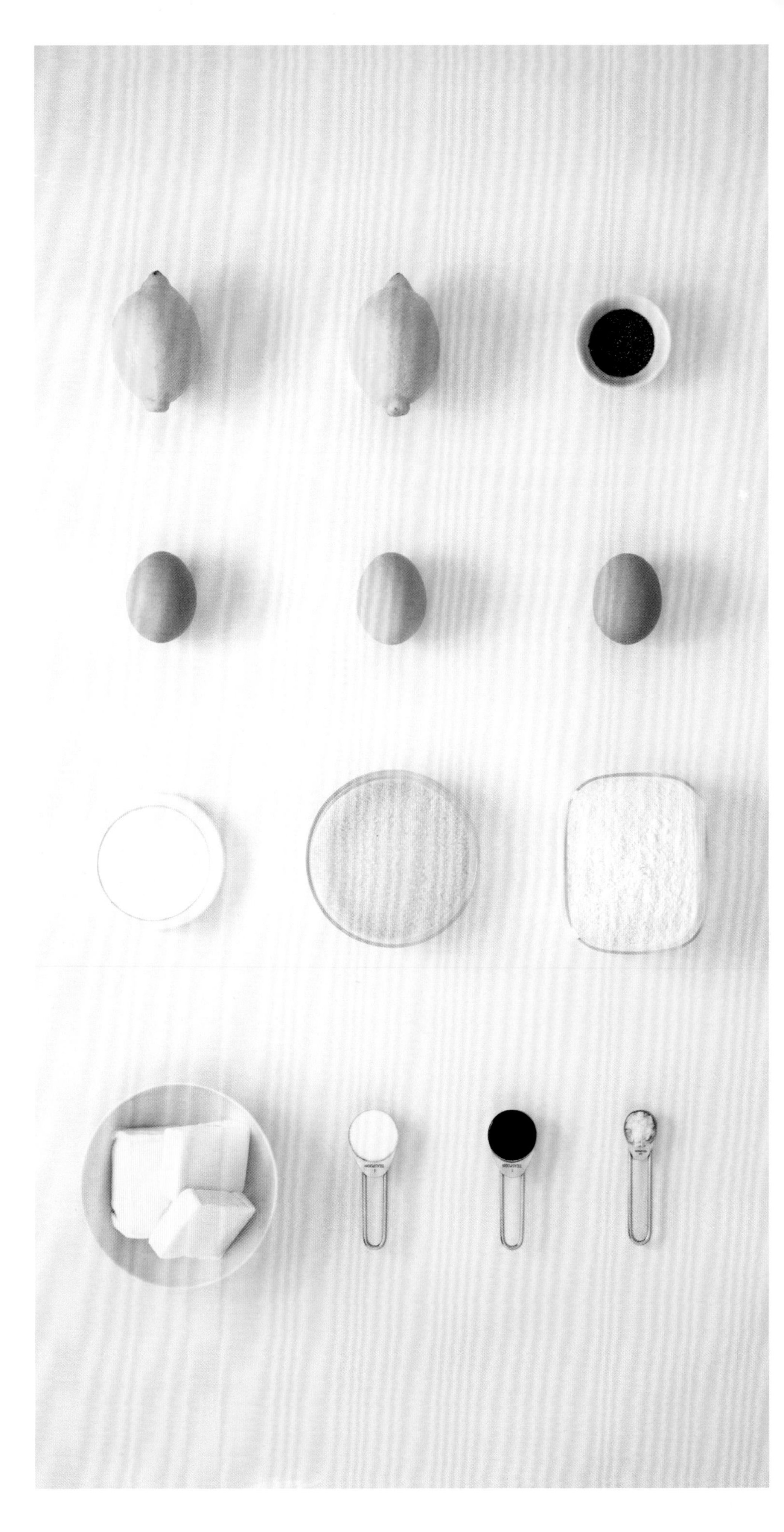

1

烤箱预热至180℃/350℉/火力4挡。准备一个容量为900克的不粘面包模，内壁用一小块黄油涂抹均匀，铺上一条烘焙纸，两端留出少许搭在边沿上。

2

柠檬皮细细磨碎，果肉榨汁。柠檬皮碎屑和柠檬汁分开放置。

3

将黄油、糖、鸡蛋、香草精、面粉、发酵粉、盐和牛奶放到一个大搅拌碗中。用手持电动打蛋器或搅拌器将上述材料搅拌成黏稠而浓郁的糊状物。这个过程一般只需要半分钟左右。干、湿两种食材混合之后，要立即开始搅打，不要停顿太久，这一点非常重要。

4

将一半量的柠檬皮碎屑加入碗中，搅拌均匀。然后将混合物倒入面包模中，用抹刀将碗壁刮干净，并将面糊表面轻轻涂抹均匀。

5

放入烤箱中烤45分钟，或直至蛋糕体积膨大，表面呈金黄色。用一根钎子插入面包中央检查面包是否烤好了。如果烤好了，钎子抽出来时表面应该是干的。如果钎子上沾有面糊，将蛋糕放回烤箱中再烤10分钟，并再次检查。烤好后，将面包留在模具中晾凉。

趁蛋糕依然温热的时候，将柠檬汁、剩下的柠檬皮碎屑和糖混合到一起，均匀涂抹到蛋糕上。静置待其彻底冷却。柠檬和糖冷却之后，会形成一层晶莹剔透的可口表皮。

6

切成片状，即可上桌食用。

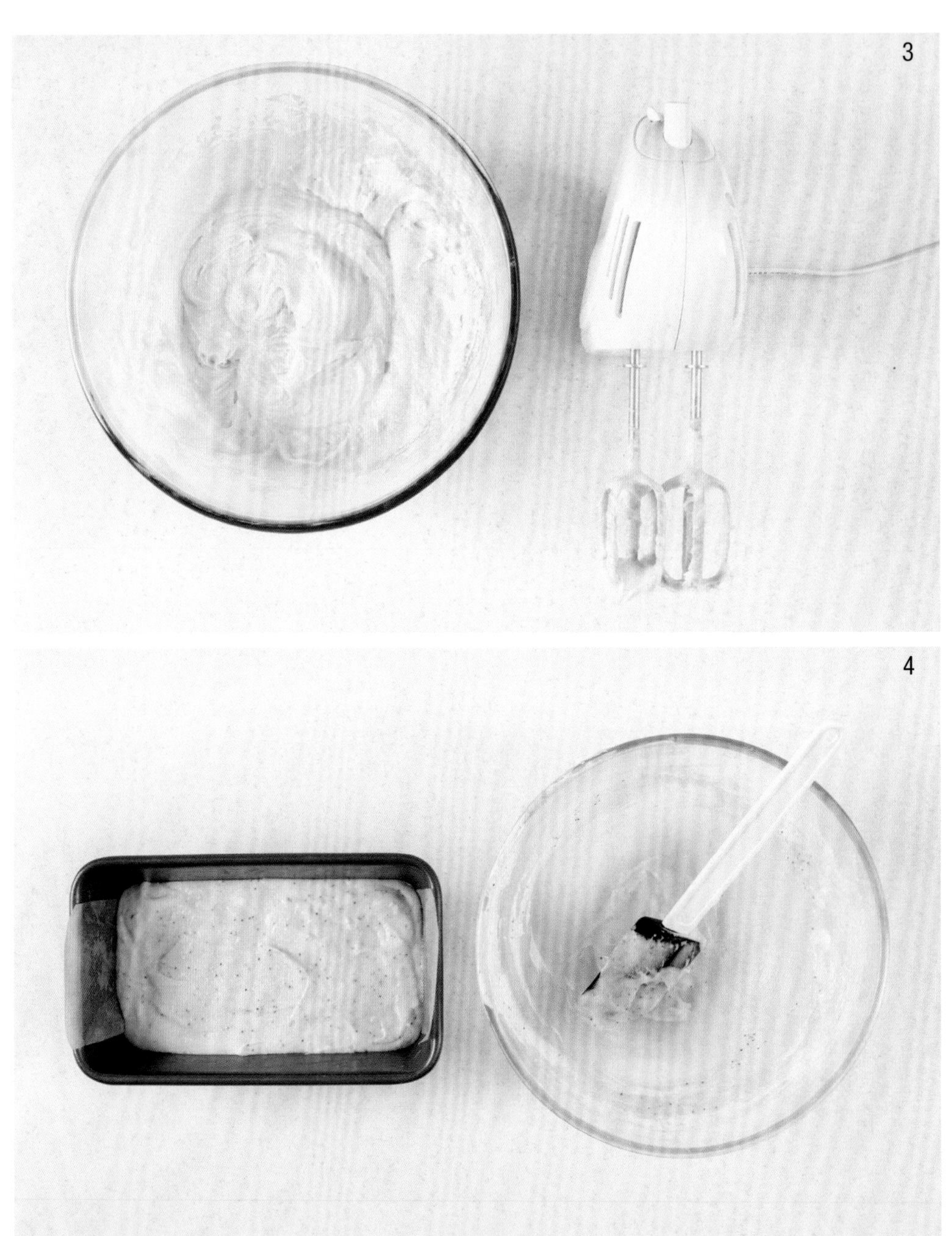

柠檬挞
Lemon Tart

准备时间：50分钟，40分钟冷藏及冷却时间另计
烹饪时间：45分钟
12人份

自己制作的柠檬挞，蛋奶冻酸甜可口，饼皮松脆，是下午茶的终极搭挡。如果你想使用现成的油酥皮，可以在超市中选购375克一包的甜点专用油酥皮，然后从步骤5开始制作。

油酥皮用料

1个中等大小的鸡蛋
175克普通面粉，外加少许擀制时使用
¼茶匙片状海盐
100克无盐冷黄油
2汤匙金色砂糖

馅料

4个无蜡柠檬
300毫升高脂厚奶油
6个中等大小的鸡蛋
200克金色砂糖
糖粉，用于表面装饰（可选）

1

首先制作油酥皮。分离蛋白和蛋黄（参见第243页）。蛋黄中加2汤匙冰水，用餐叉打发。将面粉放入食物搅拌器中，加盐。黄油切成小方块，然后撒到面粉上。

2

启动食物搅拌器，搅拌10分钟，直至面粉和黄油充分混合，像细面包屑一样，不夹杂未打散的黄油块。再加入糖搅拌均匀。

3

蛋黄液加入食物搅拌器中，启动搅拌程序，直至混合物形成松散的面团。

没有食物搅拌器?

如果没有食物搅拌器，可以用拇指和指尖将黄油搓入面粉中，直至混合物看起来像细面包屑一样，这种方法较费时间。如果混合物温度开始升高了，放到冰箱中冷藏5分钟，再继续揉搓。将鸡蛋尽可能均匀地倒入黄油面粉的混合物中，然后用餐刀搅拌成面团。松软饼皮的关键是不要过度搅拌，并保持面团凉爽。

4

将面团放到工作台上，做成一个圆饼。用保鲜膜包起来，放入冰箱中冷藏30分钟以上，让面团变坚实，但不要太硬。

5

工作台表面和擀面杖上撒少许面粉。准备一个直径23厘米的活底圆形挞模。用擀面杖在面饼上面按出间隔均等的浅凹痕，转动90度，重复这个动作，直至饼皮厚度达到约1厘米。这样能让面皮展开，但又不会变得太硬。

6

开始擀油酥皮。沿着一个方向擀，擀几下转动90度，重复几次，直到面皮达到1枚硬币的厚度。擀好后，将面皮搭在擀面杖上，移到挞模中。

4

5

6

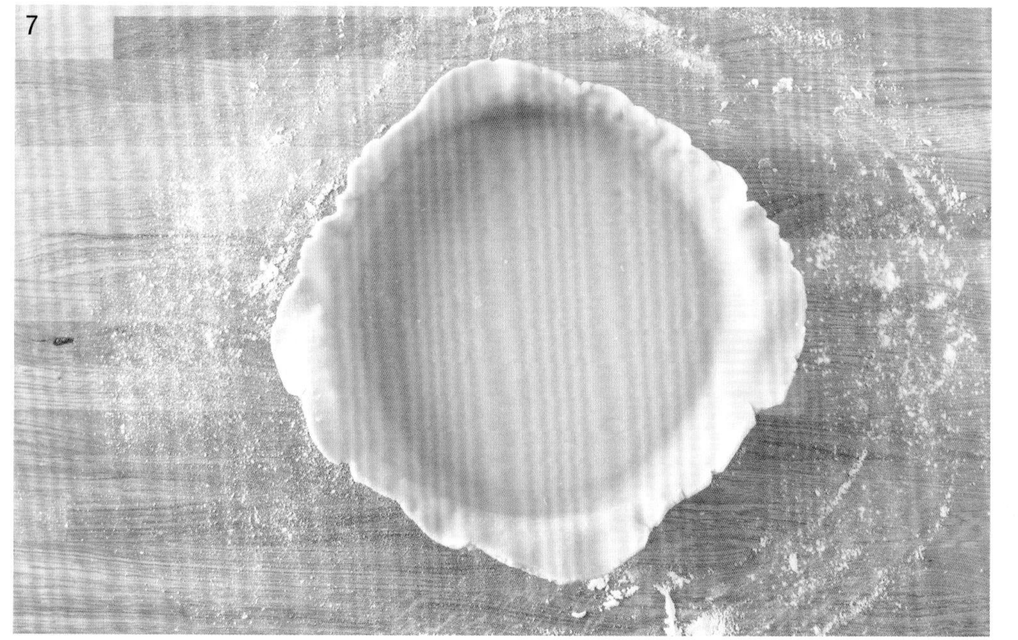

7

将面皮缓缓铺入挞模，轻轻按压，使其同模具各边角处紧密贴合。

8

用厨房剪修建饼皮边缘，面皮高于挞模约1厘米即可。放入烤盘中，放入冰箱冷藏10分钟（如果时间充裕可以冷藏更久），让面皮变得坚实。烤架放入烤箱，预热至180℃/350℉/火力4挡。

9

撕一张大小能够覆盖模具和面皮的防油纸。将纸揉皱，盖在面皮上面。纸上面铺一层烘焙豆，边缘处稍微多一些，然后将烤盘放入烤箱中，烤20分钟。

油酥皮有破洞?

如果油酥皮出现裂缝或小孔，不要担心。将多余的油酥皮原料润湿，粘在上面，就可以封住缝隙。

10

拿掉防油纸和烘焙豆。此时挞皮应该发白，质地很干，边缘呈金黄色。放回烤箱中，再烤15分钟，或直至挞皮底逐渐呈浅棕色。从烤箱中取出。将烤箱温度调低至150℃/300℉/火力2挡。

11

烘烤挞皮的同时制作馅料。柠檬皮细细磨碎，置于一旁。果肉榨汁，放入碗中。将奶油、鸡蛋和糖加入柠檬汁中，用餐叉搅打。充分混合后过筛，轻轻按压，筛入一个大碗中。加入柠檬皮碎屑搅拌均匀。

12

打开烤箱，将烤架向外拉出一些，放入挞模，将馅料倒在挞皮上，然后将烤架轻轻推回烤箱中。烤45分钟，直至馅料凝固，摇晃烤盘时，中间部分几乎不会有颤动。

13

将柠檬挞彻底晾凉。用锯齿刀稍稍修整一下挞皮边缘，然后脱模。脱模时可将挞模放到罐子或杯子上，轻轻向下按压挞模边缘，使活底与模具边缘脱离。将柠檬挞盛入盘中或移至砧板上，撒上糖粉，即可上桌。

10

11

12

太妃布丁
Sticky Toffee Pudding

准备时间：20分钟
烹饪时间：约30分钟
6—8人份

红枣是一种充满魔力的食材，由内而外为布丁增添了湿润感和甜蜜滋味。同简单的香草冰淇淋相比，黏稠的调味汁更加醇香诱人。

150克去核红枣
300克无盐软黄油，外加少量用于涂抹模具
300克黄糖
4个中等大小的鸡蛋
1茶匙香草精
1茶匙混合香料
150克自发粉
¼茶匙片状海盐
150毫升高脂厚奶油
高脂厚奶油或冰淇淋，用于搭配食用（可选）

1

2

3

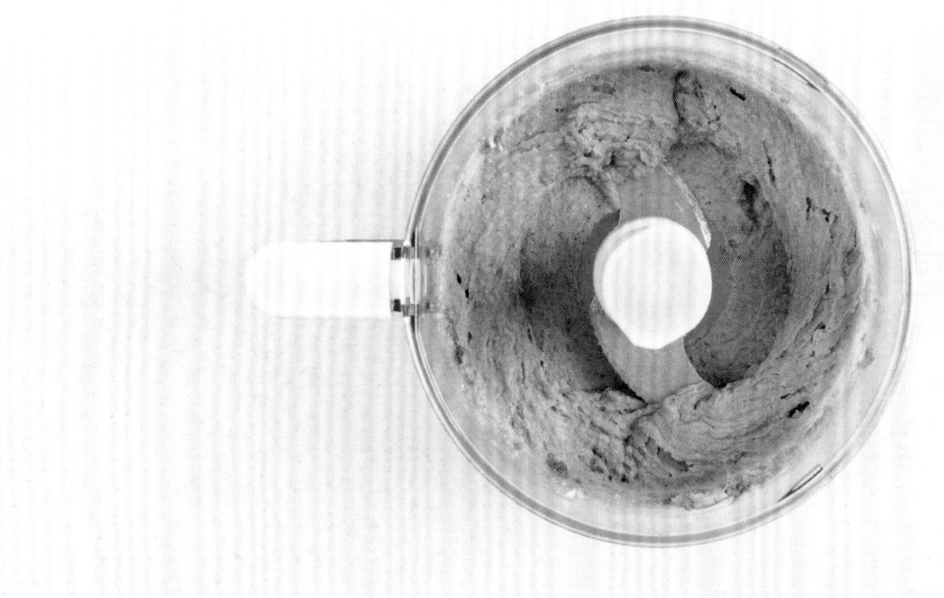

1

将红枣放到一个小炖锅中，倒入足量的水，淹没红枣。中火加热，煮至沸腾。煮5分钟，直至红枣变软。

2

用筛子滤干红枣的水分，将煮枣的水倒掉。红枣放入食物处理机中，搅打成顺滑的枣泥。静置一会儿使其冷却。在此期间，烤箱预热至180℃/350℉/火力4挡，准备一个20厘米×30厘米的烤盘，用一小块黄油涂抹模具内壁，再铺上一层烘焙纸。

铺烘焙纸

将烘焙纸裁剪成比烤模稍大一些的长方形，在距四角10厘米处沿对角线由内向外划开一条10厘米长的口子。将烘焙纸按入烤盘中，将剪开的四个角交叠铺好，确保不露缝隙。

3

称出200克黄油和200克黄糖，加入枣泥中。启动食物处理机，搅拌至顺滑。

4

枣泥中继续加入鸡蛋、香草精、混合香料、面粉和盐，然后启动食物处理机，将所有食材搅拌成顺滑的糊状物。用勺子将混合物舀入准备好的烤盘中。放入烤箱烤30分钟，直至颜色变得金黄，体积膨大。

5

烤布丁的过程中，开始制作黏稠的太妃酱。将剩下的糖和黄油放入一个平底锅中。加入奶油，小火加热5分钟，直至颗粒状的糖全都熔化。

6

将火力调高一些，文火慢煮10分钟左右，直至糖浆质地变稠，颜色变深，成为丝绸般顺滑的太妃酱。

7

布丁烤制30分钟后，用竹钎插入布丁中间，拔出来后表面如果是干的，说明烤好了。如果钎子上沾有糊状物，放回烤箱中再烤5分钟，再次检测。

8

将烤好的布丁切成小方块，盛入盘中。舀一些太妃酱浇到顶部，搭配一些奶油或冰淇淋食用。

制作小号布丁

在8连布丁模的内壁上涂抹一层黄油，然后填入布丁馅料。将布丁模放到烤盘上，放入烤箱中烤20分钟，直至布丁体积膨发，颜色变成金黄色。按照步骤7的说明用钎子检查是否烤好了。

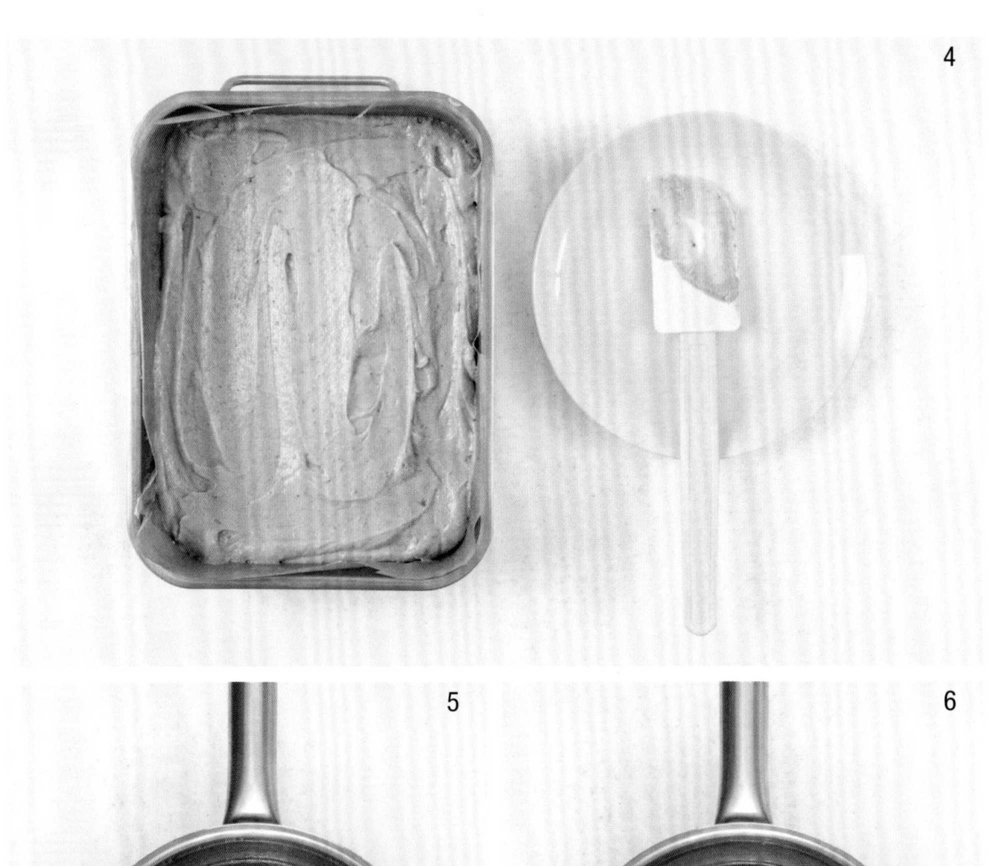
4

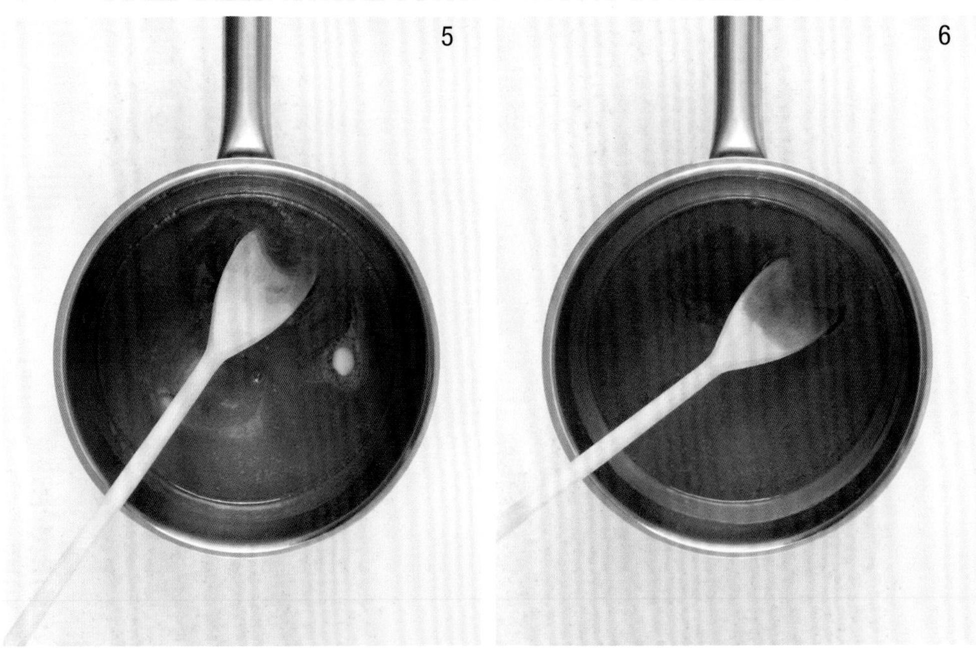
5 6

7

香草冰淇淋佐巧克力酱
Vanilla Ice Cream with Chocolate Sauce

准备时间：20分钟，10小时冷冻时间另计
烹饪时间：5分钟
6人份

亲手制作冰淇淋是一件极有满足感的事情，特别是成品和食谱中形容得一样香浓美味的时候。制作冰淇淋并不需要特殊的工具，不过如果你有冰淇淋机（需提前冷冻的款式），要确保使用前将其放入冰箱冷冻12小时以上。

1根香草荚
6个中等大小的鸡蛋
100克金色砂糖
1茶匙玉米粉
300毫升高脂厚奶油
300毫升全脂牛奶
1茶匙即溶咖啡粉
100克黑巧克力，可可含量为70%
25克无盐黄油
1汤匙金色糖浆

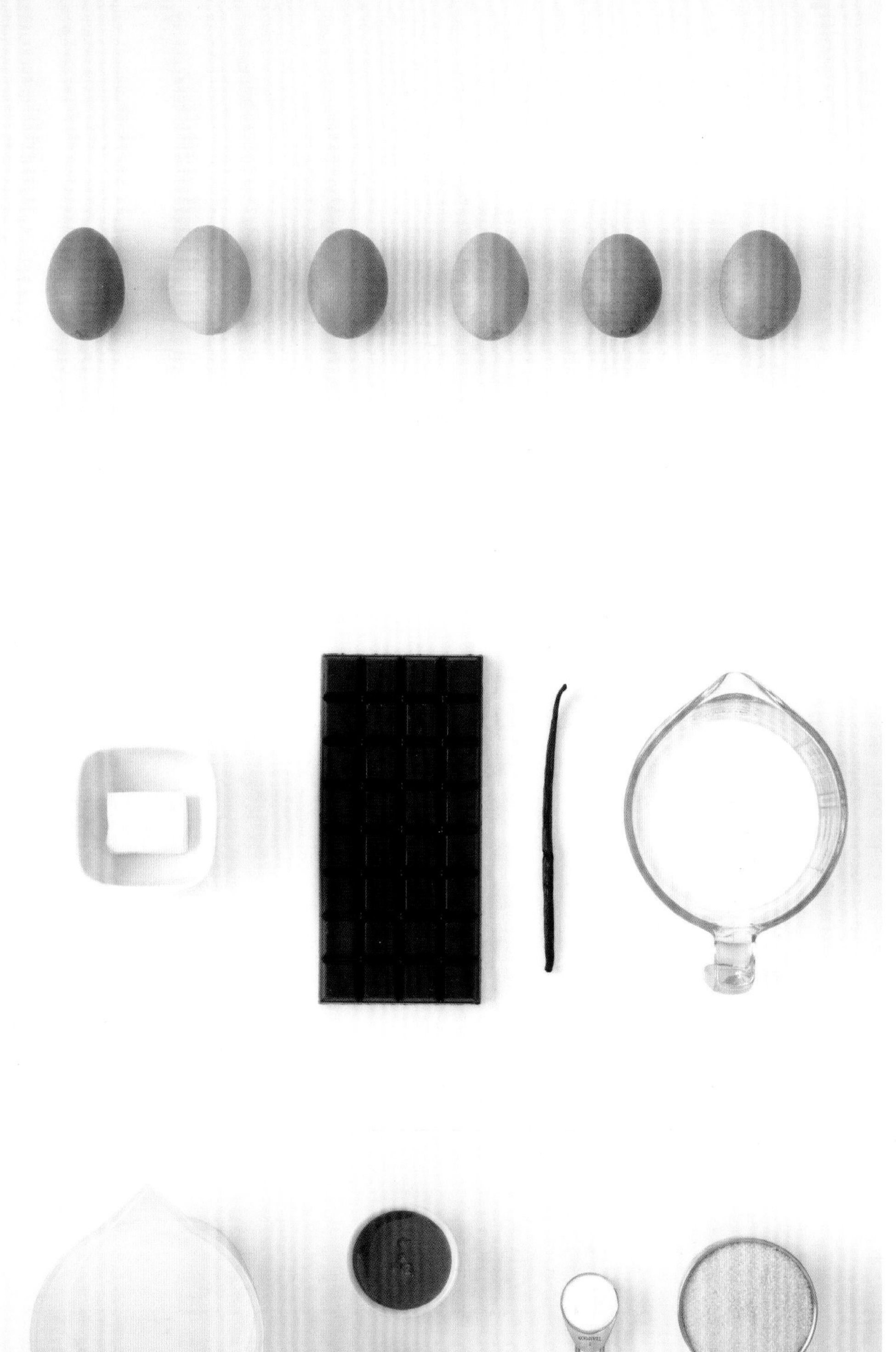

1

将香草荚中的种子刮出来。方法是用小刀将香草荚纵向剖开，用刀尖沿豆荚内侧刮下香草籽。按照同样的方法处理另一半香草荚。

2

分离蛋白和蛋黄，将蛋黄、糖、香草籽和玉米粉放入大碗中。

3

用搅拌器或手持电动打蛋器搅打上述食材，直至混合物颜色变浅，质地变黏稠。

4

在一个中号平底锅中放入奶油和牛奶，煮至沸腾。

5

将热奶油和牛奶缓缓倒入鸡蛋混合物中，边倒边搅拌，制成蛋奶酱。

6

快速清洗平底锅，然后将蛋奶酱倒回锅中，并小火加热。缓缓加热的同时需不停搅拌，直至蛋奶酱开始冒热气，并逐渐变稠。当用木勺背可以在蛋奶酱上面划出一条线的时候，就说明煮好了。

蛋奶酱中有结块?

不要担心，这只是说明鸡蛋煮得有些过头了。用筛子将混合物筛进一个冷却过的碗中。这样能让蛋奶酱迅速停止升温。然后继续步骤7。

7

将蛋奶酱放到一个大的防冻容器中，例如旧冰淇淋桶或烤盘，最好能够将容器浸入一个装满冰的碟子里，然后静置直至彻底冷却。

8

蛋奶酱晾凉之后，冷冻4个小时。每个小时打发一次，搅散容器边上形成的凝结物。蛋奶酱看起来浓稠、顺滑，质地更像冰淇淋后，再冷冻至少6个小时，中间不要搅动，最好能够冷冻过夜。制成后的冰淇淋密封好，可以冷冻保存2周。

如果有冰淇淋机

启动机器，倒入晾凉的蛋奶酱。一直搅拌至浓稠顺滑（一般需要30分钟），然后舀入防冻容器中，并彻底冷冻。

9

制作巧克力酱，首先在平底锅中倒入半锅水，并煮沸。用5汤匙刚煮沸的水冲咖啡。将巧克力掰成小块，放入一个大号耐热碗中。倒入咖啡、黄油和金黄糖浆。

10

将碗置于平底锅上，碗底不要接触水，加热5分钟，不时搅拌，直至巧克力熔化并变得顺滑。

11

食用时，将冰淇淋在室温下放置10分钟，使其稍微软化，然后舀成球状，搭配热巧克力酱上桌即可。

奶油香蕉蛋糕
Butterscotch Banana Bread

准备时间：20分钟，冷却时间另计
烹饪时间：1小时10分钟
可以制作8片

这道湿润而有饱腹感的蛋糕是快要熟透的香蕉最好的归宿了。并不是必须要涂糖霜，蛋糕切片后抹黄油食用也同样很美味。顺滑的太妃口感非常值得一试。

3根中等大小，非常熟的香蕉，去皮后总重约300克
175克无盐软黄油，外加少许用于涂抹
175克黄糖
半茶匙片状海盐
3个中等大小的鸡蛋
1茶匙香草精
100克普通面粉
120克全麦面粉
2茶匙泡打粉
50克切碎的核桃，外加少许用于装饰
100克奶油奶酪

1

准备一个容量为900克的长方形面包模，用一小块黄油涂抹内壁，再铺上烘焙纸，两端多留出一些搭在模沿上。烤箱预热至160℃/325℉/火力3挡。

2

香蕉剥皮放到碗中。用餐叉捣碎。

3

将香蕉、120克黄油、120克黄糖、盐、鸡蛋、香草精、面粉和泡打粉放入一个大碗中，然后用手持电动打蛋器或搅拌器将上述食材搅打成顺滑的糊状物。

全麦面粉

使用全麦面粉可以给面包增添少许颗粒口感。如果你喜欢使用精面粉，也未尝不可。

4

加入核桃搅拌，然后将混合物倒入准备好的面包模中。

5

放到烤箱中烤1小时10分钟，直至蛋糕膨发，颜色变成金黄色，按压时会回弹。将钎子插入蛋糕最厚的部分检查是否烤好了。钎子抽出后，表面如果是干的，说明烤好了。如果上面有糊状物残留，放回烤箱中再烤10分钟，然后再次检查。烤好后，先在面包模中冷却10分钟，再脱模移至晾架上，彻底晾凉。

6

蛋糕冷却的同时，开始制作糖霜。将剩下的黄油和糖与1汤匙水一同放入平底锅中。小火加热平底锅，使糖熔化。小火慢炖3分钟，直至糖水变成丝滑的焦糖状。平底锅离火，静置冷却。

7

奶油奶酪放入碗中，加入焦糖。充分搅打，制成咖啡色的顺滑糖霜。

8

将糖霜铺到蛋糕上，可以再撒入少许坚果。

5

6

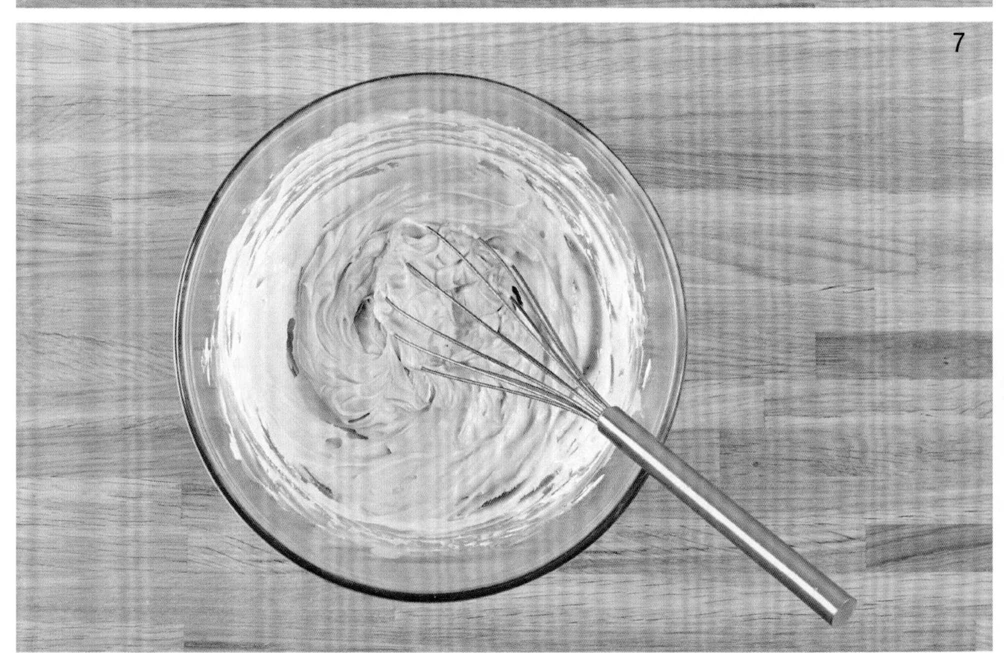
7

巧克力布朗尼
Chocolate Brownies

准备时间：30分钟，冷却时间另计
烹饪时间：20—25分钟
可以制作约15块

巧克力布朗尼几乎任何时间，任何场合吃都没问题。配咖啡？布朗尼最适合不过。餐后甜点？一份温热的布朗尼配冰淇淋将带来额外的满足。生日派对？一大盘布朗尼足矣！这份布朗尼食谱涵盖了所有经典元素；浓郁的巧克力风味，轻薄的外皮，略微湿润而紧实的口感。

175克无盐黄油
200克黑巧克力，70%的可可含量
50克夏威夷果（可选）
4个中等大小的鸡蛋
250克金色砂糖
1茶匙香草精
100克普通面粉
25克可可粉
半茶匙片状海盐

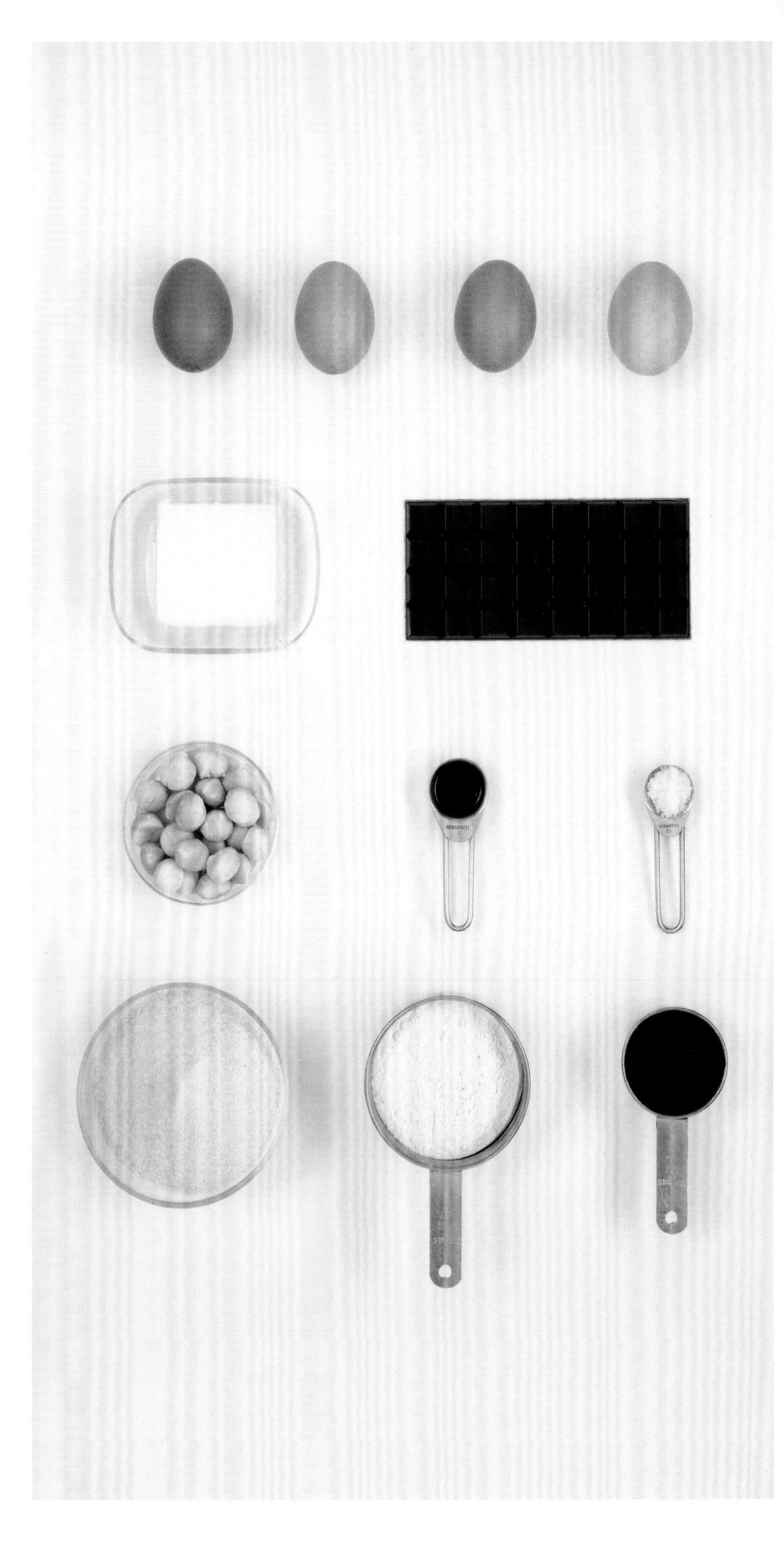

1

准备一个大小为20厘米×30厘米的烤盘，内壁涂抹少量黄油，再铺上烘焙纸。烤箱预热至180℃/350℉/火力4挡。

2

在一个小平底锅中熔化剩下的黄油。巧克力掰成小块，放入热黄油中，平底锅离火。让巧克力在锅中熔化5分钟，搅拌至顺滑。静置冷却10分钟。

3

在此期间，将夏威夷果粗粗切碎。将鸡蛋、糖和香草放入一个大碗中，用手持电动打蛋器或搅拌器搅打1分钟，直至质地变得黏稠，颜色发白。

4

将冷却的巧克力混合物倒入鸡蛋中，搅拌均匀。这一步建议用刮刀，因为能将平底锅边沿刮干净。

5

筛入面粉和可可粉，并放盐。

在巧克力中加盐

盐和巧克力彼此呼应、相互衬托，简直是天作之合。当然只要加一点点就可以了。

6

用刮刀或大勺子将干性食材翻拌入鸡蛋巧克力糊中，直至所有面粉和可可粉都被搅拌均匀。然后将混合物倒入准备好的烤盘中，顶部撒入夏威夷果碎。

如何翻拌?

用大勺子或刮刀插入面粉和巧克力中，呈“8”字形翻动，将混合物向上翻转提起，再落下。这种方法能让空气进入混合物中。

7

放入烤箱中烤20—25分钟，直至边缘处开始膨起，表层形成薄薄的外皮。轻轻晃动烤盘，蛋糕中央部分的表皮下层，应该能看到轻微的晃动。对于我来说，22分钟是最合适的烘焙时间。如果你喜欢极软的口感，烤20分钟就够了，如果你喜欢更紧实的口感，25分钟则比较合适。烤好后，在烤盘中静置直至彻底晾凉。

8

脱模时，捏住烘焙纸对角线两端，将布朗尼提出来，放到砧板上。用一把大刀将其切成块状，按照个人喜好决定切成多大。

改变一下口味

除了脆脆的夏威夷果，你也可以在布朗尼上面撒入切碎的白巧克力、核桃，甚至棉花糖。

5

6

7

意式奶油布丁
Panna Cotta with Raspberries

准备时间：30分钟，30分钟冷却，6小时冷藏时间另计
6人份

意式奶油布丁加上新鲜香草和覆盆子，是晚餐聚会上一道简单却会给人留下深刻印象的甜品。

5张吉利丁片
1根香草荚
450毫升高脂厚奶油
450毫升全脂牛奶
80克金色砂糖
200克覆盆子

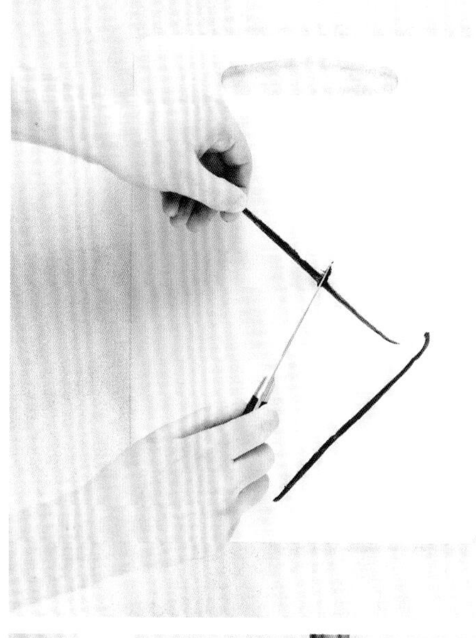

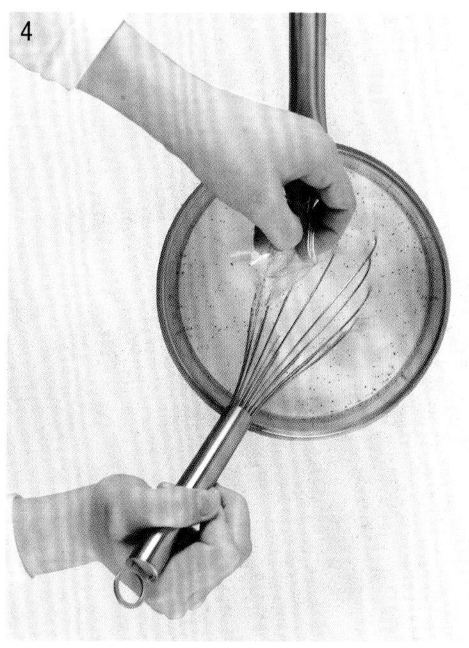

1

一个小碗中盛满冷水，加入吉利丁片。经过几分钟的浸泡，吉利丁片会变软，像果冻一样。

吉利丁粉

如果买不到片状吉利丁，可以用5茶匙吉利丁粉代替。根据包装上的说明处理，或在耐热碗中倒入2汤匙冷水，均匀撒入吉利丁粉。静置片刻，直至吉利丁吸收水分以后膨胀。浅平底锅中盛水，加热，将盛有吉利丁的碗放到平底锅中，小火加热。吉利丁会慢慢熔化。注意一定不要加热过度，不然会损害布丁的口感。吉利丁熔化以后，按照步骤4中的说明放入热奶油中搅拌。

2

将香草荚中的籽刮出来。方法是用小刀将香草荚纵向剖成两半，刀尖沿着豆荚内壁刮下香草籽，就可以将籽从中取出。

3

香草籽、奶油和牛奶放入平底锅中，搅拌均匀，将结块的香草籽搅散。中火加热平底锅，煮至沸腾后关火。加糖搅拌，静置2分钟，使其熔化。

4

从水中取出吉利丁，并挤干水分。将吉利丁放入仍然温热的奶油混合物中搅拌，直至彻底熔化。

5

将容量为150毫升的6个布丁模、蛋糕模或茶杯放到烤盘上。用冷水润湿模具内壁，甩干多余水分。每个模具中放入6个覆盆子。

6

将奶油混合物盛入量杯或其他器皿中，再缓缓倒入模具中。静置冷却30分钟。

7

每个布丁表面盖上一层保鲜膜——这样能防止表面结膜——放入冰箱中冷藏6个小时以上，最好冷藏过夜。

8

食用前，取掉保鲜膜。如果使用的是布丁模，将布丁从中取出，扣入盘子中。如果使用的是蛋糕模或茶杯，直接上桌即可。周围撒少许覆盆子做装饰。

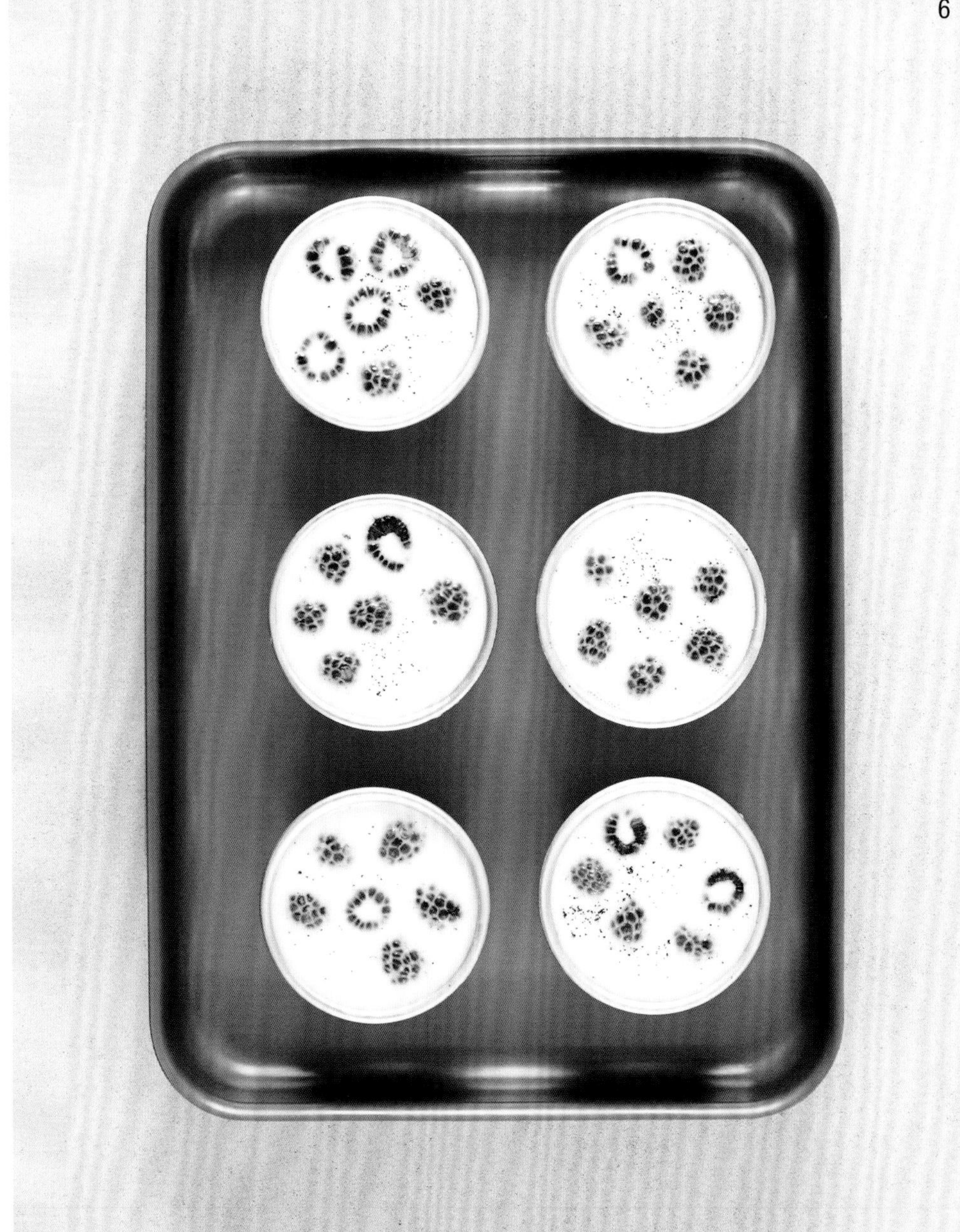

6

7

霜花纸杯蛋糕
Frosted Cupcakes

准备时间：25分钟，冷却时间另计
烹饪时间：20分钟
可以制作12个

当你端出这样一盘纸杯蛋糕时，朋友肯定认为你是从面包店买来的。普通的香草蛋糕糊中加入酸奶和杏仁粉，就能制作出口感轻盈而湿润的纸杯蛋糕。如果是做给孩子吃的，里面不想加任何坚果，可以用面粉替代同等数量的杏仁粉。

280克无盐黄油
1罐150毫升的原味酸奶（最好是有机酸奶，味道比较平和）
4个中等大小的鸡蛋
1½茶匙香草精
175克金色砂糖
150克自发面粉
1茶匙泡打粉
100克杏仁粉
¼茶匙片状海盐
250克糖粉
1汤匙牛奶
几滴食用色素
彩珠糖，用于装饰

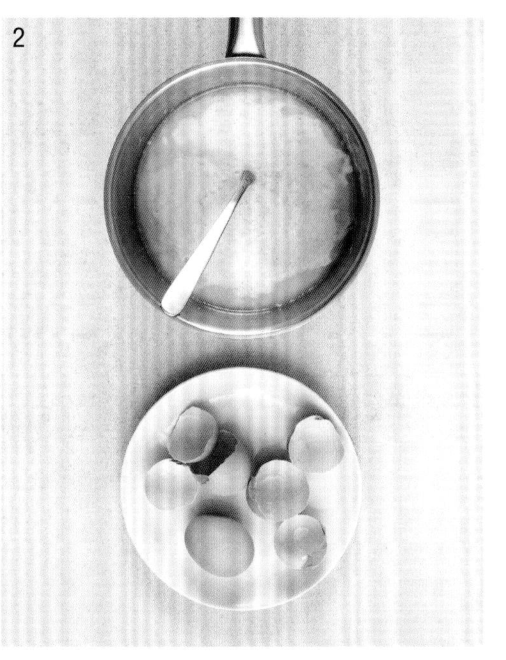

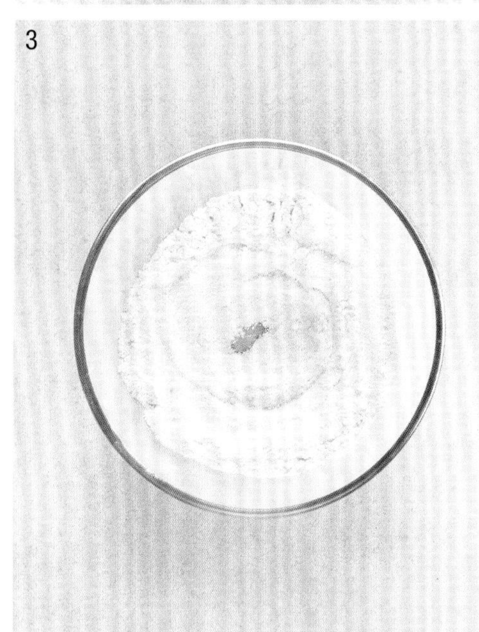

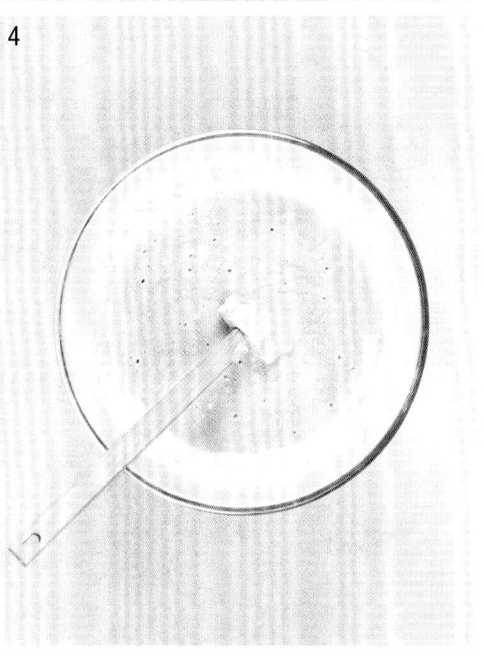

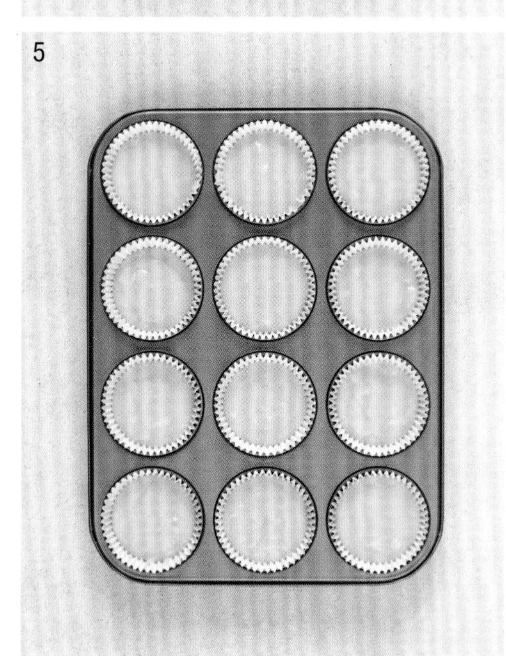

1

12连麦芬模中放入深纸杯。烤箱预热至190℃/375℉/火力5挡。在中号平底锅中熔化黄油，然后关火，静置5分钟晾凉。

2

酸奶倒入黄油中，打入鸡蛋。加1茶匙香草精，用餐叉搅打，直至混合物变得顺滑。

3

将砂糖、面粉、泡打粉、杏仁粉和盐放到一个大碗中，充分搅拌均匀。在混合物中央挖一个小坑，用于浇入液体混合物。

4

准备一把刮刀。将酸奶黄油混合物倒入干性食材中，用刮刀快速搅拌，直至形成柔软的面糊状物，没有任何结块。注意不要搅拌过度。

5

将糊状物缓缓舀入纸杯中。操作时候尽量将碗置于托盘上方，因为混合物很稀，极易滴落。

6

放入烤箱中烤18—20分钟，直至蛋糕均匀膨大，颜色变成金棕色，闻起来甜丝丝的。在模具中静置5分钟晾凉。

7

将蛋糕从模具中取出，移至晾架上彻底冷却。在此期间，开始制作糖霜。将剩下的黄油放入一个大搅拌碗中。用手持电动打蛋器将其打发至非常顺滑柔软。加入糖粉、剩下的香草精和牛奶。为了防止飞溅，一开始加糖时要慢一些。大部分糖粉都加进去之后，开启打蛋器，打发1—2分钟，直至混合物变得轻盈蓬松。如果混合物感觉有些发硬，再多加几滴牛奶，但一定不要放多了，因为一点点作用就非常明显。

8

如果喜欢，可以给糖霜加点儿颜色。一开始加一小滴食用色素，充分搅拌，如果需要就再多加一些。

9

每次舀一满勺糖霜，涂到每个蛋糕顶部，用勺背或抹刀在上面打出小旋或抹平。

10

在每个纸杯蛋糕顶部撒上彩珠糖，即可上桌食用

提前制作

如果提前制作纸杯蛋糕，没有添加糖霜的蛋糕在密封容器中可以保存3天，冷冻则可以保存3个月。糖霜可以提前3天做好，盖上保鲜膜，放到冰箱中冷藏保存。食用时，提前取出回温，然后打发至黏稠，涂到蛋糕上即可。

7

8

9

山核桃蔓越莓派
Pecan Cranberry Pie

准备时间：50分钟，冷藏和冷却时间另计
烹饪时间：35分钟
可切成10片

满满的山核桃配上闪亮的蔓越莓，这绝对是一款能登大雅之堂的核桃派。莓子的浓郁果香与口感醇厚的枫糖糖浆碰撞出令人心醉的高贵气质。

250克山核桃
少许普通面粉，擀制面片时使用
1块油酥面团（见第350页），或1块375克的市售油酥皮
50克无盐黄油
120毫升枫糖浆
200克黑砂糖
1汤匙白兰地（可选）
100克蔓越莓干
盐
1茶匙香草精
2个中等大小的鸡蛋
鲜奶油，用于上桌时搭配食用（可选）

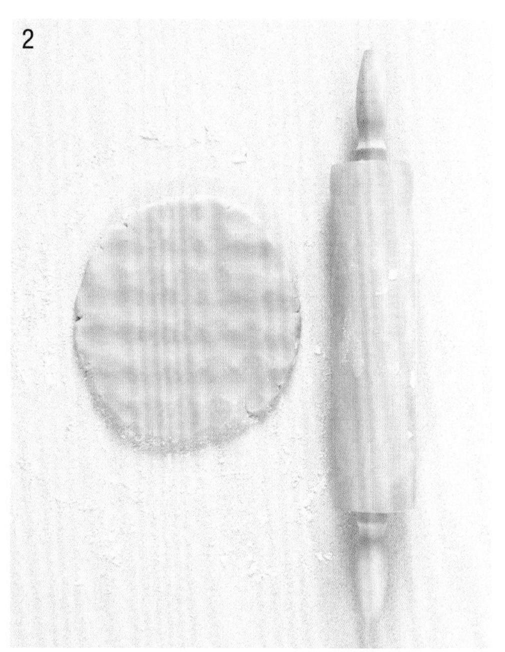

1

将烤箱预热至180℃/350℉/火力4挡。山核桃放到烤盘中，入烤箱烤制10分钟，直至烤得金黄，散发焦香的气味。静置晾凉。

2

在工作台以及擀面杖上撒一层面粉。准备好一个直径23厘米的活底挞模。用擀面杖在油酥面团上均匀压出浅痕，然后将面饼转动90度，重复这个过程，直至派皮的厚度达到1厘米。这样做可以拉伸派皮，同时又不会使其变得太硬。

3

现在开始擀派皮。沿着一个方向推擀面杖，擀几下后将派皮转动90度，直至派皮变得和硬币差不多厚。用擀面杖托起派皮，移至挞模中。

4

将派皮轻轻放进挞模中，用指关节轻轻按压边角，使其同模具贴合。

5

用厨房剪修剪派皮边缘，使其刚好盖住模具边沿上即可。将挞模放在烤盘上，在冰箱中冷藏10分钟（如果时间充足，也可以冷藏更长时间），直至派皮变得坚实。在烤箱中层放置一个烤架。

6

裁一张防油纸，大小要能完全覆盖模具和派皮。揉皱防油纸，盖在派皮上。纸上铺一层烘焙豆，边缘位置稍微堆得多一些。

7

挞模与烤盘一同入炉，烘烤15分钟。然后取掉防油纸和烘焙豆。此时派皮应颜色发白，质地干燥，边缘呈金黄色。将饼皮放回烤箱中再烤10分钟，直至派皮开始变成棕色。从烤箱中取出。

8

烤派皮的同时，开始制作馅料。留出12个山核桃，剩下的细细切碎。

9

在平底锅中熔化黄油，再加入枫糖浆、黑砂糖、白兰地、蔓越莓、一小撮盐、香草精和鸡蛋。用餐叉不断搅拌，直至各种食材充分混合在一起。最后放入核桃碎搅拌均匀。

10

将混合好的馅料倒入烤好的派皮中，再撒入之前保留的山核桃。将挞模与烤盘一同放入烤箱中，动作要轻缓。

11

烤35分钟，直至馅料边缘凝固，中间还稍微有点儿晃动。如果派皮上色过深，可中途加盖锡纸。烤好后，在模具中静置待其彻底冷却，再脱模。分切后，搭配少量鲜奶油，即可上桌食用。

6

7

8

9

10

桃子蔓越莓馅饼
Peach & Raspberry Cobbler

准备时间：25分钟
烹饪时间：40—50分钟
6人份

在经典水果馅饼中加入少许杏仁粉以及一把蔓越莓，可以提升桃子的味道，并给馅料增添一丝清甜香气。如果可以的话，最好使用黄桃，那样味道会更好。也可以用油桃，或成熟的李子代替。

6个刚成熟的桃子
175克新鲜蔓越莓，或解冻的冷冻蔓越莓
2汤匙玉米淀粉
80克金色砂糖，外加3汤匙
80克无盐冷黄油，外加1汤匙
120克自发粉
50克杏仁粉
半茶匙泡打粉
¼茶匙片状海盐
150毫升白脱牛奶或牛奶
1茶匙香草精
1把杏仁片（可选）
奶油或冰淇淋，用于搭配（可选）

1

烤箱预热至190℃/375℉/火力5挡。桃子对半切开，用刀尖将桃核挖出来。每一半切成3—4片。将切好的桃片以及一半的蔓越莓放到一个大烤盘或浅砂锅中。撒入玉米淀粉及3汤匙糖，再淋入6汤匙水。搅拌均匀。将1汤匙黄油切成小片，撒在水果上面。

2

制作顶部覆盖料。面粉放入一个大碗中，加入杏仁粉、泡打粉和盐搅拌。如杏仁粉出现结块，用手指将结块碾碎。将80克黄油切成小块，加入干性食材中。

3

用手将食材揉搓均匀。方法是用双手将黄油和面粉捧起来，用手指轻轻揉搓，混合过的碎屑落入碗中。重复这个动作时，黄油会逐渐同面粉融合。揉搓的时候，将面粉捧起来，可以防止黄油升温，同时帮助空气混入。

4

揉搓好的面粉会变得像粗面包屑一样。

5

加入80克糖搅拌均匀，再加入白脱牛奶或牛奶以及香草精。当混合物变成糊状时，即停止搅拌。将剩下的蔓越莓放进去，继续轻轻搅拌，注意不要按压过度。

6

将做好的馅料舀到桃子上面，然后撒上杏仁片。烤制的过程中，馅料会逐渐均匀铺开，所以无须抹平。

7

放入烤箱烤40分钟，直至顶层的馅饼皮变成深棕色，并充分膨发，下面的水果汁液溢出，微微冒泡。

8

烤好的水果馅饼可以趁热上桌食用，也可以降至室温或彻底冷却后食用。食用时可搭配奶油或冰淇淋。

巧克力松露蛋糕
Chocolate Truffle Cake

准备时间：30分钟，冷却时间另计
烹饪时间：35—40分钟
可以切成12片

口感湿润甜糯，滋味深邃浓郁，这款巧克力松露蛋糕非常适合用来做生日蛋糕，绝对让人流连忘返。作为餐后甜点也很完美。同大多数蛋糕一样，这款蛋糕最好在制作当天吃完。海绵蛋糕底可以提前2天做好，密封保存，于冰箱中冷藏保存。

225克无盐黄油，软化，外加少许用于涂在表面
300克黑巧克力，可可含量70%
300克金色砂糖
4个中等大小的鸡蛋
150毫升白脱牛奶或原味酸奶
1茶匙香草精
150克自发粉
半茶匙片状海盐
半茶匙泡打粉
25克可可粉
50克糖粉
150毫升酸奶油或高脂厚奶油

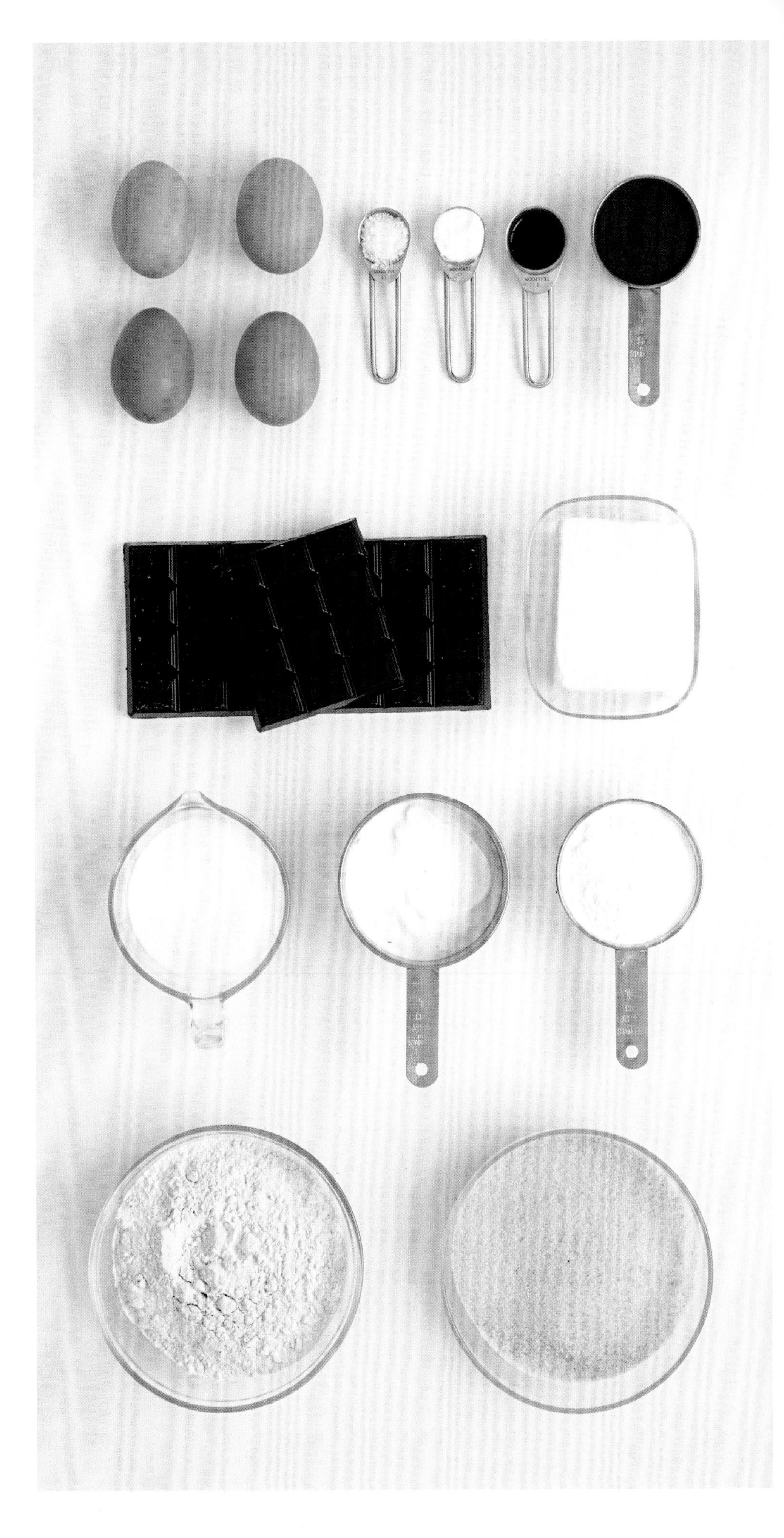

1

准备两个直径20厘米的活底蛋糕模，用黄油涂抹内壁，底部铺上烘焙纸。烤箱预热至160℃/325℉/火力3挡。

2

巧克力掰成小块，将其中200克放到耐热碗中。平底锅中加水煮沸，然后将碗架到锅上，碗底不要碰到水，加热5分钟，使巧克力熔化，搅拌1—2次，直至巧克力变得顺滑。也可以放到微波炉中大火加热1.5分钟。

3

将200克黄油放入一个大碗中，然后加入砂糖、鸡蛋、白脱牛奶或酸奶、香草精、面粉、盐和泡打粉。筛入可可粉。

4

用手持电动打蛋器或搅拌器将所有食材搅拌到一起，直至混合物变得湿润顺滑。如果黄油有结块，不用担心——加入热巧克力之后，黄油会自己熔化。

5

倒入熔化的巧克力，再搅拌一小会儿，直至混合物变得顺滑。

6

将糊状物均匀分成两份，放入准备好的蛋糕模中。刚才熔化巧克力的碗保留待用——之后制作糖霜的时候会用到。

7

将两个蛋糕模放到烤箱中的同一个烤架上，烤35分钟，直至蛋糕中间部分开始膨发，将钎子从蛋糕中心部位插进去，抽出来时钎子不带出面糊，就说明烤好了。烤好的蛋糕在模具中静置10分钟冷却，再移至晾架上彻底晾凉。蛋糕表面比较柔软，移动的时候要非常小心。

8

蛋糕冷却的同时，开始制作巧克力糖霜。将剩下的巧克力和黄油放入刚才熔化巧克力的碗中，同步骤2一样，在盛有沸水的平底锅上面加热，使二者熔化混合在一起。

9

将碗从平底锅上拿下来，筛入糖粉，倒入奶油。搅拌成顺滑的液态混合物。混合物冷却后会变稠一些。

10

用抹刀将其中一半巧克力糖霜涂抹在其中一片蛋糕上面。

11

涂抹过糖霜的蛋糕盛入餐盘中。将第2片蛋糕放到第1片上面，再将剩下的巧克力糖霜涂抹在顶部。切成块状，即可上桌食用。

6 7 8 9

10

苹果黑莓奶酥佐蛋奶酱
Apple & Blackberry Crumble with Custard

准备时间：30分钟
烹饪时间：45—50分钟
6人份

一道暖胃又暖心的奶酥绝对是秋冬寒夜里最完美的甜点。蛋奶酱顺滑，浓稠，是苹果派的最佳搭档。

1.2千克烹饪用苹果（酸度较高），例如布拉姆利苹果（Bramley）
150克黑莓
175克金色砂糖
半个柠檬
175克普通面粉
¼茶匙片状海盐
150克无盐冷黄油
1个完整的肉豆蔻，用于磨碎
50克燕麦片
2茶匙玉米淀粉
300毫升牛奶
300毫升高脂厚奶油
1根香草荚，或1茶匙香草精
4个中等大小的鸡蛋

1

将烤箱预热至190℃/375℉/火力5挡。苹果削皮，去核，切成厚片。将苹果块和黑莓平铺到一个大烤盘中，加入1汤匙糖以及半个柠檬榨的汁，搅拌均匀。

为什么选择布拉姆利苹果?

布拉姆利苹果，以及其他类型的烹饪用苹果，比甜点用苹果要更酸，与甜而酥的覆料口感互补，相得益彰。果肉经过烹饪之后收缩，柔软多汁。如果买不到烹饪用苹果，也可以用甜点用苹果代替，例如科克斯苹果（Cox）或布雷本苹果（Braeburn）。

2

接下来，开始制作奶酥层。面粉和盐放入一个大碗中。黄油切成块状，加入碗中。

3

用手揉搓混合碗中的材料。方法是用双手将黄油和面粉从碗中捧起来，用手指轻轻揉搓，混合过的碎屑落入碗中。重复这个动作时，黄油会逐渐同面粉融合。揉搓的时候将面粉捧起来，可以防止黄油升温，同时帮助空气混入。

4

处理好后，混合物应该变得像细面包屑一样。细细磨碎1茶匙肉豆蔻，同100克糖、燕麦放入混合物中搅拌。

5

将混合物均匀撒到烤盘中的苹果和黑莓上。放入烤箱烤45—50分钟，直至奶酥层变得焦黄，下面的水果烤得冒泡。

6

烤奶酥的同时，开始制作蛋奶酱。将玉米淀粉同2汤匙牛奶在一个小碗中混合，搅拌至顺滑。然后同剩下的牛奶、高脂厚奶油、剩下的40克砂糖、香草籽或香草精一同放入一个中号不粘平底锅中。分离蛋白和蛋黄，并将蛋黄加入锅中。

7

将平底锅中的食材搅拌混合均匀，小火或中火加热平底锅。煮至微微沸腾即可，期间不停搅拌，直至混合物开始变稠。当用勺背可以在其表面划出一道线时，说明稠度正合适。

蛋奶酱中有结块?

加入少许玉米淀粉可以使蛋奶酱变稠，并使其更稳定，鸡蛋也不容易煮过头。如果里面有一些结块，不用担心，用筛子过滤一下即可。

8

做好的奶酥搭配蛋奶酱趁热上桌食用。

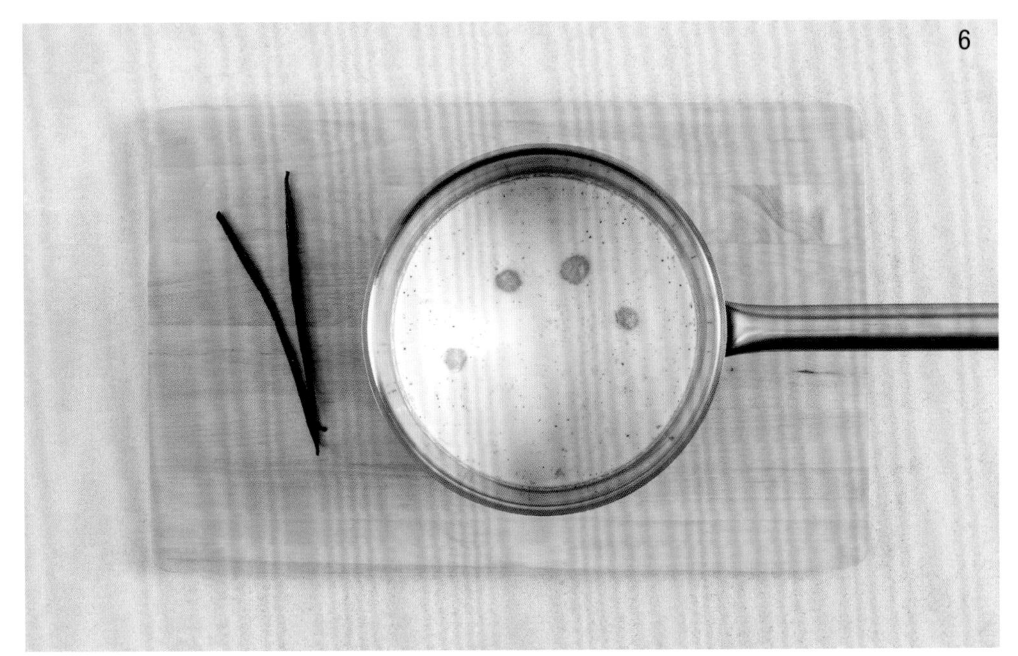

6

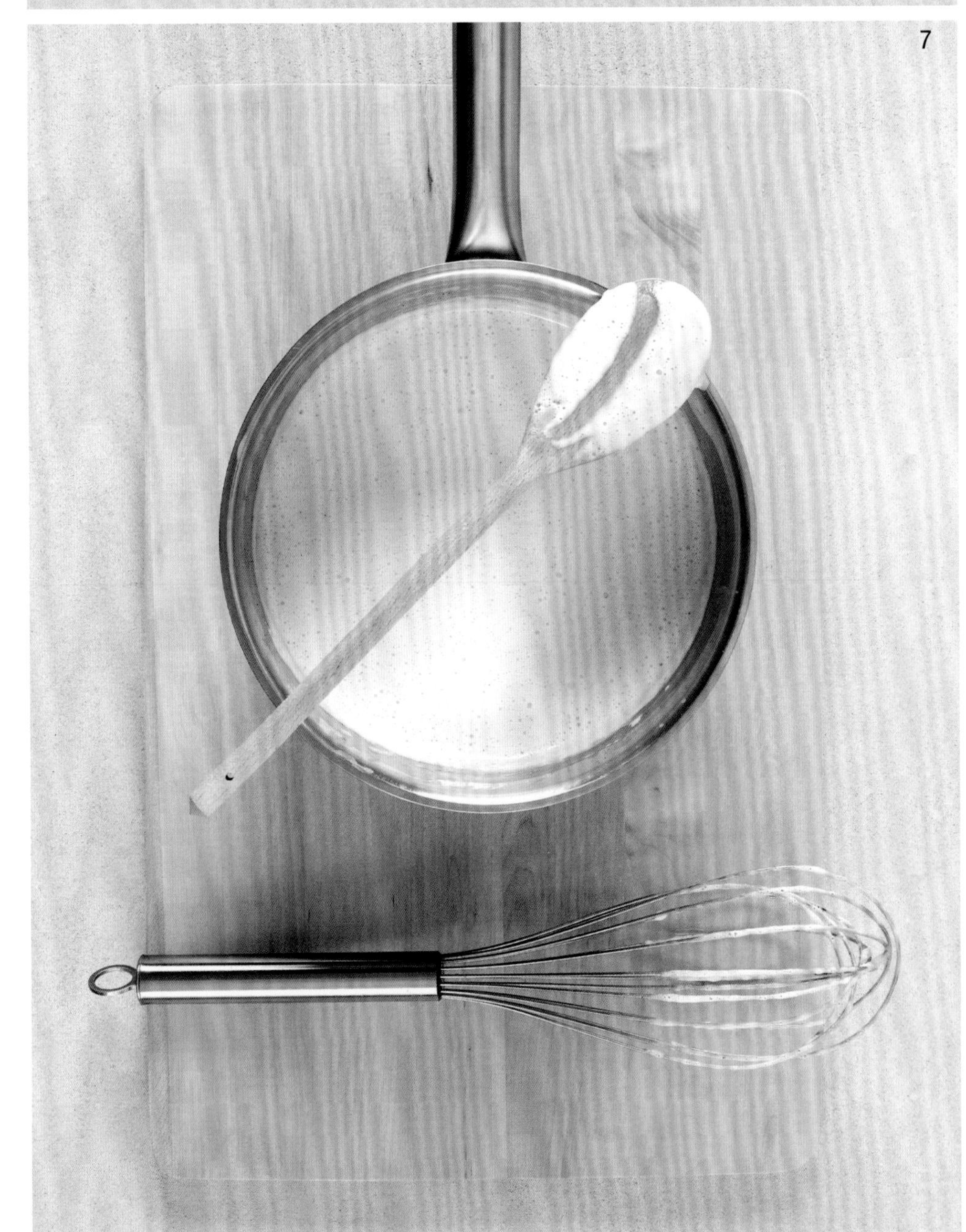

7

烤香草奶酪蛋糕，搭配果酱
Baked Vanilla Cheesecake with Berries

准备时间：40分钟，冷却时间另计
烹饪时间：50分钟
10人份

这道顺滑、轻盈、口感香浓的奶酪蛋糕受到许多人的喜欢。果酱可以用自己喜欢的新鲜水果代替，搭配水煮李子（第33页）味道也不错。另外，在混合之前，所有的食材都要解冻至常温状态。

120克无盐黄油，外加少许用于涂抹模具
250克消化饼干
1根香草棒，或1茶匙香草精
800克全脂软奶油奶酪，室温
250克金色砂糖
2汤匙普通面粉
300毫升酸奶油
4个中等大小的鸡蛋
400克冷冻夏日水果，解冻

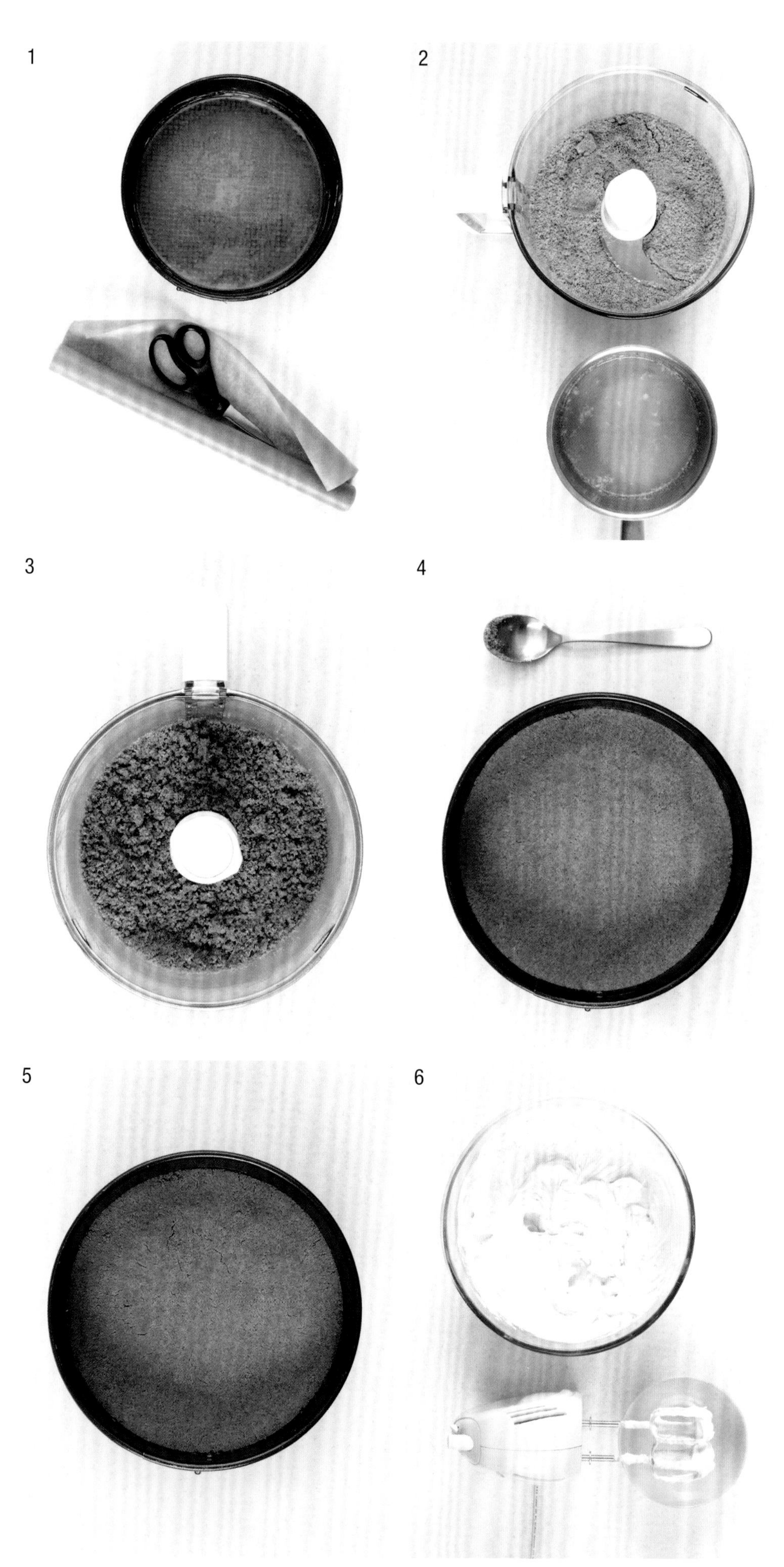

1

烤箱预热至180℃/350℉/火力4挡。准备一个直径23厘米的活底圆形锁扣蛋糕模，用少量黄油擦拭内壁，再铺一层大小同模具底部尺寸相当的烘焙纸。

2

中火加热一个小平底锅，放入黄油熔化。将饼干掰碎，放入食品搅拌机中，搅拌成细碎末。如果没有食物搅拌机，可以将饼干放到一个大食品袋中，挤出里面的空气，封紧袋口，用擀面杖擀压，直至饼干被擀成细碎末状。

3

饼干搅碎之后，滴入黄油，直至混合物变成湿沙子状。如果是手动擀碎饼干，将其放入碗中，加入熔化的黄油搅拌。

4

将处理好的饼干屑放入准备好的蛋糕模中。用勺背按实，并抹平表面。

5

将蛋糕模放到烤盘上，放入烤箱烤15分钟，直至饼底呈深金棕色。

6

如果用的是香草荚，用小刀将豆荚纵向剖开，刮出香草籽。将奶酪、200克糖、香草籽或香草精、面粉，以及一半的酸奶油放到一个大碗中。用手持电动打蛋器或搅拌器搅打，直至混合物变得黏稠而顺滑。

7

加入鸡蛋，每次加一个，充分搅拌至均匀后再加入下一个。将搅拌好的混合物倒入蛋糕模中，用抹刀抹平表面。在工作台上轻敲蛋糕模，震出里面的气泡。

8

放入烤箱中烤10分钟，然后将温度调低至140℃/275℉/火力1挡，再烤40分钟。奶酪蛋糕会凝固，中间部分可轻微晃动。关掉烤箱，把烤箱门稍微打开一点儿，让其在烤架上冷却。冷却的过程中，蛋糕表面可能会开裂，这并不要紧，因为稍后上面会覆盖一层酸奶油。

9

制作果酱。将水果与剩下的糖一同放入炖锅中。轻轻加热3分钟，直至糖熔化，水果变软，流出果汁。

10

用漏勺将水果舀到碗中，调高火力，加热平底锅中的果汁，直至果汁变得浓稠如糖浆一般。将熬煮过的果浆倒入水果中，彻底晾凉。

11

蛋糕晾凉后，放入冰箱冷藏4小时以上，最好能够冷藏过夜。食用时，将抹刀插入蛋糕与模具之间，沿边缘划一圈，解开锁扣，将模具外圈同底盘分离，蛋糕脱模放入盘中。可以用抹刀插入烘焙纸和模具底盘之间帮助脱模。也可以直接放在底盘上上桌。用抹刀或刮刀将剩下的酸奶油涂抹在蛋糕表面。切成小块，搭配果酱食用。

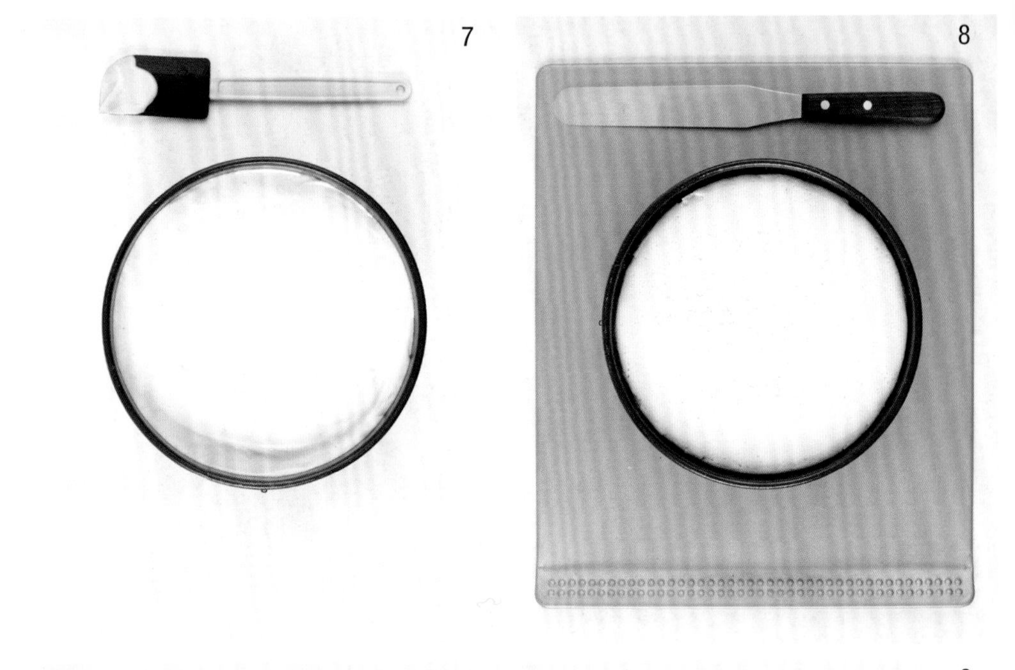

7 8

9

10

巧克力饼干
Chocolate Chip Cookies

准备时间：20分钟
烹饪时间：12分钟
可以制作18块

如果你希望制作一款入口即化，嚼起来有丰富颗粒感的饼干，那么这份食谱就是为你准备的。最基础的饼干面团非常百搭，可以加入柠檬皮、葡萄干、坚果碎或者任何你想放的东西。如果想做咸甜相宜的花生黄油饼干，或保存时间长且很有嚼头的燕麦姜饼，可以参考第402页的变化款式介绍。

150克巧克力（由牛奶、黑巧克力或白巧克力，或三者的混合物制作而成）
200克无盐软黄油
150克黄砂糖
1个中等大小的鸡蛋
1茶匙香草精
250克自发粉
¼茶匙片状海盐

1

在砧板上将巧克力粗粗切碎。

2

准备两个烤盘，里面铺上烘焙纸，烤箱预热至200℃/400℉/火力6挡。将黄油和糖放到一个大碗中。用手持电动打蛋器或搅拌器将黄油和糖打发至颜色变浅，质地黏稠。分离蛋白和蛋黄，然后将蛋黄和香草精加入碗中。

3

将碗中的食材搅拌几秒钟，直至混合物变得黏稠。加入面粉和盐，用刮刀或木勺搅拌均匀。混合物看起来会很硬，这是正常的。

4

用刮刀将切碎的巧克力拌入混合物中。注意不要过度搅拌。

立即烘烤

将面粉加入混合物中后，最好立即捏成饼干坯并入炉烘烤。含有自发粉、泡打粉或小苏打的蛋糕或烤饼也最好在第一时间整形并烘烤。

5

将饼干面团团成18—20个核桃大小的圆球（一盘烤不完可分两次烘烤），放到准备好的烤盘上。圆球烘烤时会变大，摆放时之间留出足够的空间。

6

放入烤箱烤制12分钟，直至边缘变得金黄，中间发白。饼干在烤箱中会膨胀，晾凉后又会回缩。将烤好的饼干留在烤盘中晾凉，使口感变坚实，用抹刀或锅铲将其移至晾架上，彻底冷却。如果两个烤盘中放不下全部饼干坯，可以分批烘烤。烤好后的饼干密封储存，可保存3天。

花生黄油饼干

在面团中加入2汤匙花生酱和80克烤花生代替巧克力，搅拌均匀。

燕麦姜饼

在面团中加入2茶匙磨碎的姜粉，2块切得细碎的生姜，以及50克燕麦片，用来代替巧克力，搅拌均匀。

4

5

尾声
END

MATTERS

菜单设计

虽然本书中几乎所有的菜式都是独立的，不过也有许多可以相互搭配。一个好的菜单，各道菜之间要保持平衡，并尽量简单明确，对于准备时间心中大致有数。下面介绍的搭配几乎涵盖了所有用餐场合，可以让你从容应对各种晚宴。

其实没有必要遵循前菜、主菜和甜品这样正式的晚餐顺序，我们的饮食方式已经发生了改变。在非正式的聚会上，一道亲手做出的美味佳肴更能打动人心。部分菜肴适合精心装盘后上桌，使晚宴更得体。但我个人更喜欢将菜肴直接端上桌，这种方式更随意，能够活跃用餐气氛，让参加聚会的人感到更亲切。

小酒馆晚餐

红酒烩鸡（第230页）
香煎奶油焗千层薯饼（第320页）
柠檬挞（第350页）

初学者的圣诞节或感恩节晚餐

蟹肉饼，佐香醋汁（第292页）
柠檬烤鸡配韭葱培根卷（第252页）
枫糖烤冬蔬（第328页）
奶油青蔬（第330页）
山核桃蔓越莓派（第380页）

早午餐聚会

浆果奶昔（第18页）
水果馅早餐麦芬（第40页）
烟熏三文鱼炒蛋贝果（第28页）
奶油香蕉蛋糕（第364页）

简易中餐

烤鸭卷饼（第196页）
小炒鸡（第112页）
可搭配茉莉花茶以及小饼干等甜点

暖胃冬日大餐

炖牛肉，搭配香草丸子（第288页）
香肠土豆泥佐自制洋葱肉汁（第136页）
奶油青蔬（第330页）
苹果派（第334页）

咖喱宴

印度风味烤鸡块佐赖达酱，搭配生菜（第204页）
南瓜菠菜咖喱（第104页）
咖喱羊肉配香米饭（第238页）
香草冰淇淋，佐巧克力酱（第360页）

快餐

奶酪汉堡（第108页）
烤薯角（第312页）
凉拌卷心菜（第316页）
香草冰淇淋，佐巧克力酱（第360页）

万圣节聚会

糖醋烤肋排（第174页）
鸡汤面（第72页）
番茄百里香浓汤（第76页）
牧羊人派（第258页）或奶酪通心粉（第128页）
巧克力布朗尼（第368页）

儿童生日聚会

玛格丽特比萨（第188页）
霜花纸杯蛋糕（第376页）

户外午餐

羊排搭配番茄薄荷沙拉（第132页）
蔬菜杂烩（第310页）
烤香草奶酪蛋糕，搭配果酱（第396页）

可以提前准备的意大利菜

意式前菜拼盘和普切塔，佐橄榄酱（第180页）
意大利千层面（第248页）
蒜香面包（第318页）
蔬菜沙拉，佐香醋汁（第308页）

地中海风味晚餐聚会

意式前菜拼盘和普切塔，佐橄榄酱（第180页）
地中海炖鱼（第270页）
蔬菜沙拉，佐香醋汁（第308页）

烧烤宴

烤猪排，搭配焦糖苹果（第296页）

枫糖烤冬蔬（第328页）

奶油青蔬（第330页）

太妃布丁（第356页）

烤羊腿，搭配迷迭香土豆（第266页）

清炒胡萝卜（第314页）

烤香草奶酪蛋糕，搭配果酱（第396页）

烤牛肉，搭配约克郡布丁（第274页）

烤土豆（第306页）

奶油青蔬（第330页）

苹果黑莓奶酥，佐蛋奶酱（第392页）

柠檬烤鸡配韭葱培根卷（第252页）

香煎奶油焗千层薯饼（第320页）

刀豆炒肉（第324页）

桃子蔓越莓馅饼（第384页）

工作日快手餐

番茄酿鸡胸卷配芝麻菜沙拉（第154页）

巧克力布朗尼（第368页）

牛排餐

蒜香煎牛排（第158页）

烤薯角（第312页）

蔬菜沙拉，佐香醋汁（第308页）

香草冰淇淋，佐巧克力酱（第360页）

西班牙风味餐

西班牙辣汁土豆香肠 （第208页）

西班牙海鲜饭（第280页）

香草冰淇淋，佐巧克力酱（第360页）

可将巧克力酱替换为甜型雪莉酒，如西班牙PX甜型雪莉酒（Pedro Ximenez）

朋友聚会餐

香煎鱼排佐欧芹酱（第222页）

意式奶油布丁（第372页）

墨西哥风味餐

烤干酪玉米片，佐鳄梨沙拉酱（第184页）

墨西哥辣肉酱，搭配烤土豆（第218页）

墨西哥酸橙派（第342页）

泰国风味宴

烤鸡肉串，佐花生酱（第200页）

泰式咖喱牛肉饭（第168页）

泰式虾面（第164页）

可搭配芒果冰沙或新鲜菠萝等甜品

摩洛哥风味素食餐

鹰嘴豆泥，搭配腌橄榄和皮塔饼（第192页）

利马豆炖菜佐雪穆拉调味汁，搭配蒸粗麦粉（第300页）

柠檬蛋糕（第346页），可搭配新鲜无花果或酸奶

素食餐

蘑菇烩饭（第116页）

蔬菜沙拉，佐香醋汁（第308页）

巧克力慕斯杯（第340页）

球赛餐

烤鸡翅佐蓝纹奶酪酱（第176页）

烤薯皮佐酸奶油（第212页）

烤干酪玉米片，佐鳄梨沙拉酱（第184页）

词汇表

变浓稠（Thicken）
在调味汁或汤中，加入面粉或蛋黄之类的食材，使其变得浓稠。

粗麦粉（Couscous）
一种轧过并沾有面粉的粗粒麦粉。蒸熟后搭配肉类和炖鱼食用，常见于北非海岸及地中海周边地区。

打发（Whisk）
用打发工具快速搅打蛋白或蛋黄酱等食材，增加其体积，并使空气充分进入。

打发成奶油状（Cream）
用搅拌器或木勺将鸡蛋、黄油和糖一同打发成黏稠而发白的糊状物。

捣碎器（Ricer）
土豆捣碎器就像一个大号的捣蒜器——土豆被压碎，从细孔中出来，快速搅拌一下即可成为黏稠的土豆泥。

叠拌（Fold）
将食物从碗底轻轻搅拌到上面，这种自下而上的搅拌法可以分散食材，又不会流失空气。

粉土豆（Floury potatoes）
并非粉质土豆的通称。有时也被称作“老土豆”。这种土豆广泛用于烧烤，制作土豆泥以及薯条。处理这种土豆时，要先放入冷水中，然后与水一同煮沸，而不要像处理新土豆那样，直接放入沸水中煮。

果皮（Zest）
橘类水果白丝外面的一层薄皮。通常细细磨碎之后使用。

划（Slash）
在鱼片上斜向划一下，可以防止鱼肉在烹饪过程中卷起来，也有助于受热均匀。

浆汁（Syrupy）
通常用来指调味汁。通过收汁使其质地变得浓稠，表面呈现光泽。

焦糖化（Caramelize）
加热至颜色变得金黄，质地变得微黏——食物中的糖开始变焦的时刻。

浸泡（Marinate）
在烹饪前，将生肉或其他食材放入腌料或酸性液体中浸泡，使其入味或变软。注意浸泡时间不宜过长，因为“浸泡”的过程也可以“烹调”食物，会使食物变得太软，并影响成品的品相。鱼类浸泡几个小时即可。肉类和鸡肉则可以浸泡长达24小时。

静置（Resting）
烤好出炉的肉类，在切割前需静置片刻。这是因为肉在烤制过程中，肌肉组织会收缩，将肉汁挤压到关节的外层边缘处。在静置过程中，组织可以放松，汁液回流，使肉质变得更多汁。烤好的肉在静置过程中还会继续加热，因此时间一定要把控好。

烤（Chargrill）
在条纹煎盘中煎烤。

可持续捕捞的鱼（Sustainably caught fish）
亦称环保鱼，即从非过度捕捞区捕捞的鱼。食用这种鱼不会对环境造成不利影响。

口感弹牙，有嚼劲（Al Dente）
指食物经烹饪已熟成却仍保持一定弹性，口感适中。

滤水（Drain）
把食材倒入滤锅或筛子中，以彻底滤干食物上的水分。有时滤出的水稍后还要用到，需提前预留出需要的量。

面糊（Batter）
面粉、蛋液和牛奶或水等液体的混合物，有多种用途，可用于制作蛋饼或裹覆需要油炸的食物。用于制作蛋糕的叫作蛋糕糊。

嫩煎（Saute）
在高边煎锅中，高火少油煎食物。

膨发（Raising or rising）
在烘焙类食物中加入膨发物质，例如酵母、发酵粉或小苏打等，使食物体积增大的过程。

膨松（Fluff up）
用餐叉的尖部将做好的米饭粒搅拌膨松或弄散。

去渣（Deglaze）
肉类或蔬菜在平底锅中煎过或烤过以后，倒入酒、肉汤或水之类的液体，使沉在锅底的碎渣融到汤汁中。

去籽（De-seed）
给水果或蔬菜去籽。首先切成两半，然后用勺子或刀尖将籽刮出来。

揉面（Knead）
在工作台上将面团揉至光滑。

乳化（Emulsify）
将两种物质混合到一起，形成柔滑的混合液。典型的例子包括将油和醋搅拌或摇晃均匀，用作沙拉酱汁，或将黄油加到蛋黄中，做成蛋黄酱。

洒（Drizzle）
在食物表面洒少量液体。

塞满（Overcrowd a pan）
用平底锅煎炸食物时，食材之间的间隙过小，会导致食物出水，无法顺利地上色并形成香脆的外壳，影响煎炸的效果。如果担心太挤，将食材铺开一些。

砂锅（Casserole）
金属，隔热玻璃或陶瓷的带盖烹饪容器。也可以指在砂锅中做成的菜。

上色（Brown）
在热油中炸食材，使其表面着色。

上色（Glaze）
在面团表面，刷上牛奶、鸡蛋或二者的混合物，这样烘焙之后，表面会变得金黄且富有光泽。也指在肉类或蔬菜表面裹上一层有光泽的调味汁。

使用食物处理机的点动功能（Pulse in a food processor）
有些食物处理机有“点动”功能（pulse），处理机每次仅启动数秒，重复几次便可以打碎食材，但不至完全混合。

收汁（Reduce）
煮沸或者小火熬煮液体，使其中的水分蒸发，使汤汁变得浓稠，味道浓郁。

水煮（Poach）
在汤、水、牛奶或糖浆等液体中小火煮。

填馅（Stuff）
在肉或蔬菜中填上馅料。

涂层（coat）
在餐盘上涂上一层东西，例如调味汁。

文火炖（Braise）
在盖严的平底锅中，用肉汤或浓汤小火慢炖。

香醋（Balsamic Vinegar）
这是一种黑色，口味微甜的醋。最昂贵的传统香醋产自意大利摩德纳或雷焦艾米利亚地区，由葡萄汁在木桶中经长时间发酵制成。

小洞（Well）
在面粉堆中挖出一个小洞，用于添加液体。

小火慢炖（Simmer）
小火轻轻慢炖。小火是指食物维持在将沸未沸的状态，表面微微冒泡。

虚掩锅盖（Part-cover a pan）
锅盖稍微倾斜，让锅中的蒸汽跑出来一部分。这样可以缓慢收汁，又不至干锅。

预热（Preheat）
将烤箱或烤架设置到需要的温度，使其加热。不同种类烤箱之间的预热时间差别非常大，所以要了解自己的烤箱。

蒸（Steam）
食物放入带孔的容器中，置于沸水之上，盖严锅盖，蒸煮。

制成糊状（Puree）
在食物处理机或搅拌器中将食材搅打成光滑的糊状。

制作高汤（Stock）
烹饪过程中，将牛肉或鸡骨与蔬菜和香草一同熬煮2—3个小时，便会成为高汤。使用前，将表层的油脂撇掉。如果觉得麻烦，将市售的高汤块放入热水中融解，也能做出上好的汤。

重新煮沸（Return to the boil）
在液体中加入一种食材之后，将其重新煮沸。大部分计时就是从此刻开始。

基础准备

以下图片说明了处理一些常见蔬菜时应达到何种程度。

胡萝卜细细切碎

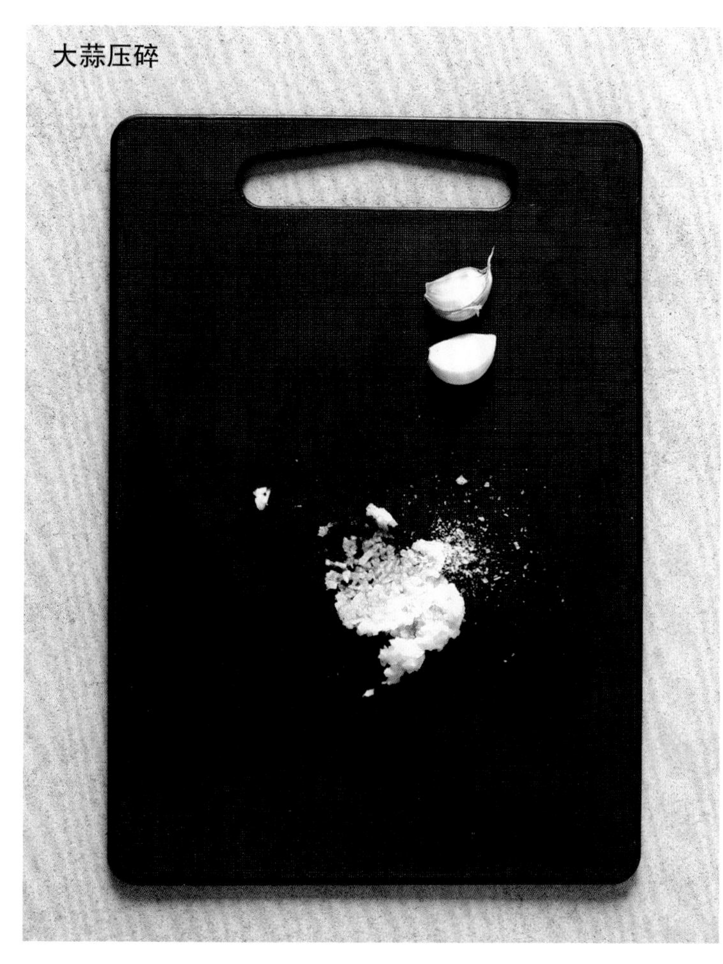

大蒜压碎

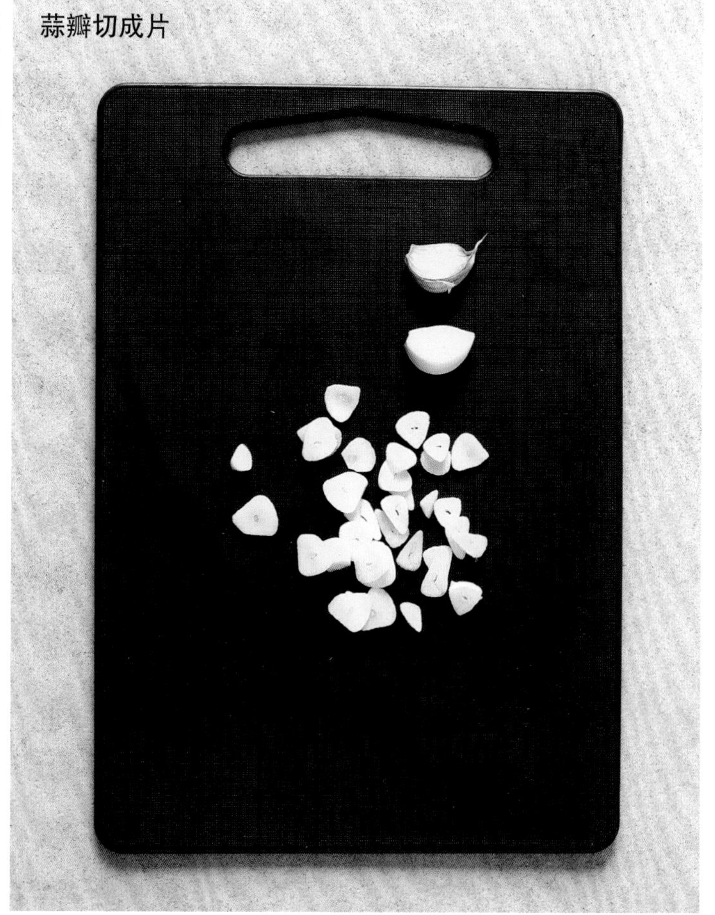

蒜瓣切成片

洋葱细细切碎

洋葱切片

洋葱切大块（步骤1）

洋葱切大块（步骤2）

辣椒去籽，并切细丝

辣椒去籽，并细细切碎

芫荽粗粗切碎

芫荽细细切碎

致谢

这本书是团队合作的结果，在此我要感谢许多人，感谢他们高超的技能、充沛的热情、宽广的视野，以及从未熄灭的热望所给予我的巨大力量。首先，我要感谢艾米丽·特拉尼（Emilia Terragni）、劳拉·格拉德温（Laura Gladwin）、贝丝·昂德当（Beth Underdown），以及英国费顿出版公司（Phaidon Press）制作团队的每一个成员——你们是那么尽心尽力。劳拉，谢谢你为我打开了这本书的创作之门。对于你那无尽的耐心、鼓励，以及完成这本书的决心，我充满了感激和钦佩。

本书中那些精美的配图离不开安吉拉·摩尔（Angela Morre）的付出和支持，对此我要表达深深的谢意。你将私人空间与我们分享，用于本书的拍摄，在如此漫长的拍摄过程中，从无怨言。此外，我还要特别感谢杰尼佛·瓦格纳（Jennifer Wagner）、尼克·史怀哲（Nico Schwoizor）和杰弗里·费希尔（Jeffrey Fisher）的创造力，你们时时令我赞叹，你们的成就远超我的想象。

感谢我的助理食物造型师玛丽萨·维欧拉（Marisa Viola），你像奇迹一般闪闪发光。你的努力、无可挑剔的组织力，以及禅师般的冷静，着实让我折服。玛丽萨和安吉拉的三位助手——皮特（Pete）、朱利安（Julian）和布鲁斯（Bruce）——合力成就了本书食材部分的摄影。这部分看似简单，实则异常棘手的工作被他们完成到了极致，谢谢你们。

我还要特别感谢检验食谱的凯蒂·格林伍德（Katy Greenwood）、苏珊·斯波尔（Susan Spaull）和米歇尔·博尔顿·金（Michelle Bolton King）以及始终满怀热情品尝食物的吉姆（Gem）和斯图·麦克布赖德（Stu McBride）。还要谢谢巴尼·德斯马哲利（Barney Desmazery）、萨拉·布恩菲尔德（Sara Buenfeld）以及BBC *Good Food*杂志的前工作人员以及现团队，从你们身上我学到了许多。

谢谢我的母亲、父亲、家人和朋友们，谢谢你们一直以来对我毫不动摇的信任和鼓励。最后，最重要的感谢送给罗斯（Ross），我不留情面的批评者和我最深刻的软肋。你是我的灿烂光华。

重要提示：

部分食谱中含有生鸡蛋或者半熟的鸡蛋。老年人、婴儿、孕妇、康复病人以及免疫系统受损的人群应避免食用。

图书在版编目（CIP）数据

私房料理的第一堂课 / （英）简·霍恩比著； 杜芯宁译. — 北京 : 北京美术摄影出版社，2017.10
书名原文：What to Cook and How to Cook It
ISBN 978-7-5592-0039-6

Ⅰ. ①私… Ⅱ. ①简… ②杜… Ⅲ. ①菜谱 Ⅳ. ①TS972.12

中国版本图书馆CIP数据核字（2017）第219511号

北京市版权局著作权合同登记号：01-2016-3803

责任编辑：董维东
执行编辑：张　晓
责任印制：彭军芳
装帧设计：北京利维坦广告设计工作室

私房料理的第一堂课

SIFANG LIAOLI DE DI-YI TANG KE

[英] 简·霍恩比 著
杜芯宁 译

出　版　北京出版集团公司
　　　　北京美术摄影出版社
地　址　北京北三环中路6号
邮　编　100120
网　址　www.bph.com.cn
总发行　北京出版集团公司
发　行　京版北美（北京）文化艺术传媒有限公司
经　销　新华书店
印　刷　北京华联印刷有限公司
版印次　2018年1月第1版第1次印刷
开　本　889毫米×1194毫米 1/16
印　张　26
字　数　640千字
书　号　ISBN 978-7-5592-0039-6
定　价　289.00元

如有印装质量问题，由本社负责调换
质量监督电话 010-58572393